의식의
강

의식의
강

The River of Consciousness

올리버 색스
Oliver Sacks

양병찬 옮김

alma

밥 실버스에게

차례

서문

세상을 떠나기 2주 전인 2015년 8월의 어느 날, 올리버 색스는
《의식의 강》이라는 책의 윤곽을 제시하고 우리 세 사람에게 출판 일
정을 잡아달라고 부탁했다. 결과론이지만 이 책은 그가 세상에 남긴
마지막 책이 되었다.

이 책 출간의 촉매가 된 사건들이 많았는데, 그중 하나는 1991년
네덜란드의 한 영화제작자의 요청을 받아들여 '눈부시게 아름다운
우연A Glorious Accident'이라는 제목의 TV 다큐멘터리 시리즈에 참여한
것이었다. 그 프로그램의 마지막 회에서, 여섯 명의 과학자들(물리학
자 프리먼 다이슨Freeman Dyson, 생물학자 루퍼트 셸드레이크Rupert Sheldrake,
고생물학자 스티븐 제이 굴드Stephen Jay Gould, 과학사가 스티븐 툴민Stephen
Toulmin, 철학자 대니얼 데닛Daniel Dennett, 그리고 색스 박사)이 원탁에 둘러
앉아, 과학자들이 탐구하는 가장 중요한 의문점들에 대해 토론했
다. 토론의 주제는 생명의 기원, 진화의 의미, 의식의 본질 등이었

다. 화기애애한 토론 분위기 속에서 눈에 띄는 점이 하나 있었다면, 색스가 모든 분야를 물 흐르듯 넘나들었다는 것이다. 과학에 관한 그의 지식은 신경과학이나 의학만에 국한되지 않았고, 그는 모든 과학적 이슈, 아이디어, 의문들에 열광했다. 이 책의 주된 관점과 시각도 그의 광범위한 과학 지식과 열정에서 비롯됐다. 그는 이 책에서 인간의 경험뿐만 아니라 식물을 비롯한 모든 생물의 삶을 파헤친다.

올리버 색스는 《의식의 강》에서 진화론, 식물학, 화학, 의학, 신경과학 그리고 예술을 다루며 자신이 위대하고 과학적이며 독창적이라 여기는 영웅들, 득히 나윈Darwin, 프로이트Freud, 윌리엄 제임스William James를 언급한다. 이들은 색스가 어린 시절부터 늘 함께한 마음의 동반자였으며, 그의 저술 중 상당 부분은 그들과 나눈 대화의 연장선으로 볼 수 있다.

다윈이 생전에 그랬던 것처럼, 색스는 예리하고 치밀한 관찰자로서 각종 연구 사례를 수집하는 데서 희열을 느꼈고, 그 사례들 중 상당수는 자신의 환자나 동료들과 주고받은 광범위한 서신과 대화를 통해 얻을 수 있었다. 또한 프로이트가 그러했듯, 색스는 인간의 가장 불가사의한 행동을 이해하는 데 이끌렸다. 그리고 윌리엄 제임스와 마찬가지로, 자신이 다루는 시간, 기억, 창의력에 관한 주제가 이론적으로 기울어질 경우에도 경험의 특이성specificity에 주목하는 것을 잊지 않았다.

색스 박사는 이 책을 자신의 편집자이자 멘토로서 30년 이상 우정을 나눈 친구 로버트 실버스에게 헌정하기를 바랐다. 실버스는 지금까지 〈뉴욕 리뷰 오브 북스The New York Review of Books〉에서 호평을 받은 색스의 숱한 저술들을 처음으로 출판했다.

— 케이트 에드거Kate Edgar, 대니얼 프랭크Daniel Frank,

빌 헤이스Bill Hayes

다윈에게 꽃의 의미는?

우리는 찰스 다윈Charles Darwin에 관한 고전적인 이야기를 잘 알고 있다. 스물두 살에 비글호를 타고 세계 일주 여행을 하다 파타고니아를 방문했다는 것, 아르헨티나의 대초원pampas을 걸었다는 것(이때 자신이 소유한 말의 다리에 용케 올가미를 걸었다는 에피소드를 빼놓을 수는 없다), 남아메리카에서 (지금은 멸종한) 거대한 말의 뼈를 수집했다는 것, 호주에서 캥거루를 처음 구경하고 깜짝 놀라면서도 신앙심이 아직 남아 있었던지 "이 동네를 관할하는 창조자는 취향이 독특한 게 틀림없어"라고 뇌까렸다는 것. 그리고 갈라파고스 제도의 여러 섬에 사는 핀치finch◆들이 각각 어떻게 다른지를 관찰한 후 '생물이 진화하는 메커니즘'에 대해 큰 깨달음을 얻었고, 그게 사반세기 후 출간된《종의 기원On the Origin of Species》의 밑거름이 되었다는 것도.

◆　참새목 되새과의 새. (옮긴이)

클라이맥스는 뭐니 뭐니 해도 1859년 출간된 《종의 기원》일 텐데, 이 대목에서 흔히 동정 어린 후기가 덧붙는다. 늙고 병든 다윈은 시력이 별로 좋지 않았다는 것. 그래서 20년 남짓한 기간 동안 간혹 책을 한두 권쯤 옆구리에 끼고 특별한 계획이나 목적 없이 다운하우스Down House의 정원을 배회했다는 것. 그러나 장고를 거듭한 끝에 그의 걸작은 결국 완성되었다는 것.

그러나 이것들은 사실과 거리가 먼 상투적인 이야기일 뿐이다. 다윈은 비판에 극도로 예민한 상태였으며, 자신의 자연선택이론을 뒷받침하는 증거를 수집하느라 한순간도 집중력을 잃지 않았다. 《종의 기원》이 5판까지 계속 개정된 것만 봐도 이를 능히 짐작할 수 있다. 다운하우스 주변에는 널찍한 마당과 다섯 개의 온실이 있었으며, 그가 1859년 이후 정원과 온실로 물러난(또는 복귀한) 것은 사실이다. 그러나 그에게 있어서 정원과 온실은 '편안한 휴식처'가 아니라 '비밀 기지'였다. 그는 그곳에서 외부의 회의론자들을 향해 거대한 미사일, 즉 '확고한 증거'를 다량 발사했다. 그 증거란 주로 식물과 관련된 것으로, 그들이 창조나 지적 설계intellectual design라는 구실을 들이대기 어려운 특정 식물의 구조와 행태가 주종을 이루었다. 한마디로 그것은 《종의 기원》에 언급된 내용을 훨씬 능가하는 진화와 자연선택의 증거였다.

그런데 이상한 것은 다윈을 전문적으로 연구하는 학자들조차도 이 같은 식물학 연구에 별로 주목하지 않았다는 것이다. 다윈이 여섯 권의 책과 일흔 편 내외의 논문을 식물학에 할애했는데도 말이다. 오죽하면 두에인 아이슬리Duane Isely는 1994년에 펴낸 《101명의 식물학자들One Hundred and One Botanists》이라는 책에서 이렇게 말했을까.

다윈을 다룬 서적들은 지금껏 살았던 어떤 식물학자에 대한 책보다도 많지만, 그를 식물학자로 소개한 것은 거의 없다. 그가 식물에 대한 책을 많이 썼다는 사실이 종종 언급되지만 무심코 지나치는 경우가 많으며, 왠지 "위대한 인물들은 간혹 기분 전환용으로 딴짓을 하는 게 상례다"라는 점을 부각시키려 한다는 느낌을 떨칠 수 없다.

다윈은 식물에 대해 늘 특별하고 다정한 느낌을 갖고 있었으며, 식물을 특별히 찬미하기도 했다. 그는 자서전에 이렇게 썼다. "식물을 체계화된 존재organized being의 지위로 격상시키면 늘 기분이 좋다." 그는 식물학자의 가문에서 성장했고(그의 할아버지 이래즈머스 다윈은《식물원The Botanic Garden》이라는 두 권짜리 장편시를 썼다), 다운하우스의 널찍한 정원에서 꽃만 잔뜩 가꾼 게 아니라, 다양한 사과나무 품종들을 접붙여놓고 식물학 연구에 열중했다. 케임브리지 대학 시절, 다윈은 J. S. 헨슬로J. S. Henslow의 식물학 과목만은 빠짐없이 수강했고, 다윈의 비범한 재능을 알아보고 비글호 선장에게 그를 추천한 사람도 헨슬로였다.

다윈은 비글호 여행 중에 '동물상fauna과 식물군flora에 관한 관찰기'와 '방문지에 대한 지질학적 탐사기'가 빼곡히 적힌 편지를 헨슬로에게 썼다(후에 이 편지들이 인쇄되어 배포되는 바람에, 다윈은 영국에 돌아가기도 전에 과학계의 유명인사가 되어 있었다). 그리고 다윈이 갈라파고스 제도에서 꽃이 핀 식물들을 모두 신중하게 수집하는 과정에서,

'동일한 속genus에 속하더라도 서식한 섬이 다르면 종species이 다르다'라는 사실을 간파한 것도 헨슬로에 대한 충정 때문이었다. 이 모든 것들은 나중에 '지리적 격리geographical isolation가 새로운 종의 기원에 미치는 영향'을 분석할 때 결정적인 증거가 되었다.

급기야 데이비드 콘David Kohn은 2008년에 발표한 훌륭한 논문에서 이렇게 지적했다. "다윈은 갈라파고스에서 200종이 족히 넘는 식물표본을 수집했으며, 그것은 과학사 전체를 통틀어 가장 영향력 있는 '살아 있는 자연사 컬렉션'이었다. 또한 그것은 다윈의 업적 중에서, 갈라파고스 제도에서 진화한 종들의 데이터를 가장 잘 기록한 사례로 자리매김할 것이다."

(이와 대조적으로, 다윈이 갈라파고스에서 수집한 새들의 표본은 부실하기 짝이 없었다. 원산지 섬이 불명확하거나 라벨이 제대로 부착되지 않은 것도 있었다. 그래서 나중에 영국에 돌아가 선원들이 수집한 표본을 보충한 뒤에, 조류학자 존 굴드John Gould에게 의뢰하여 가까스로 분류할 수 있었다.)

다윈은 두 명의 식물학자들과 절친한 친구가 되었는데, 그중 한 명은 큐 가든Kew Garden(왕립식물원)에서 일하는 조지프 돌턴 후커Joseph Dalton Hooker, 다른 한 명은 하버드 대학교에 재직 중인 애서 그레이Asa Gray였다. 후커는 1840년대에 다윈과 흉금을 털어놓는 친구가 되었고(다윈이 진화론에 관한 저술 초고를 보여준 사람은 후커밖에 없었다), 애서 그레이는 1850년대에 이너서클에 합류했다. 다윈은 두 사람에게 "우리의 이론"에 대한 편지를 수시로 썼는데, 편지를 읽어보면 진화론에 관한 다윈의 열의가 갈수록 고조되고 있었음을 짐작할 수 있다.

그런데 이상한 점이 하나 있었다. 다윈은 평소에 싱글벙글 웃으며 지질학자를 자처하면서도(그는 비글호 항해 기간 동안 관찰한 내용에 근거하여 세 권의 지질학 책을 썼고, '환초coral atoll의 기원'◆에 대해 매우 독창적인 가설을 제시했는데, 이 가설은 20세기 후반에 와서야 실험을 통해 확인되었다), 자신은 식물학자가 아니라고 한사코 부인했다. 왜 그랬을까? 그건 다윈이 식물학을 불신했기 때문이다. 식물학은 일찍이 18세기에 스티븐 헤일스Stephen Hales의 《식물정역학Vegetable Staticks》으로 산뜻하게 출발했음에도 불구하고(이 책은 매혹적인 식물생리학 실험으로 가득 찬, 시대를 앞서가는 책이었다), 식물학자들이 기술description과 분류taxonomy에 거의 전적으로 매달리는 퇴행적 행태를 보였다는 게 주된 이유였다. 즉, 식물학자들이 탐구에는 소홀하고 식물을 확인 · 분류 · 명명하는 데 전념하는 것에 불만이 있었다. 그러나 다윈은 달랐다. 그는 탁월한 탐구자로서, 식물의 구조와 행태를 관찰할 때 팩트what뿐만이 아니라 과정how과 원인why에도 관심을 기울였다.

많은 빅토리아 시대 사람들과 달리, 다윈은 식물학을 단순한 취미나 여가 활동으로 여기지 않았다. 식물학 연구는 그에게 늘 목적의식을 불어넣었고, 그의 목적은 진화 및 자연선택과 관련된 이론을 정립하는 것이었다. 그의 아들 프랜시스는 이렇게 썼다. "아버지는 이론화에 대한 열정이 충만하여, 관심거리만 발견하면 모든 경로를 통해 에너지를 쏟아부을 준비가 되어 있었다. 아무리 사소한 문제라

◆ 다윈은 화산섬에 산호가 성장한 후 섬의 침강으로 인하여 고리 모양의 환초가 형성되는 과정을, '거초裾礁→보초堡礁→환초環礁'의 3단계로 구분했다. (옮긴이)

도, 그의 에너지가 밀려들어오는 것을 피할 수 없었다." 그리고 다윈의 이론에는 늘 면밀한 관찰이 수반되었다. 다윈은 종종 이렇게 말하곤 했다. "훌륭한 관찰자가 되지 않으면, 어느 누구도 활동적인 이론가가 될 수 없다."

18세기에 스웨덴의 과학자 칼 폰 린네Carl von Linné는 "꽃들은 성기(암술pistil과 수술stamen)를 갖고 있다"고 주장하고, 한 걸음 더 나아가 이 성기를 기준으로 식물을 분류했다. 그러나 '꽃들은 모두 자가수분self-pollination을 한다'는 것이 당시의 통념이었다. 그렇지 않고서야 각각의 꽃들이 암컷과 수컷의 성기를 모두 보유할 이유가 없지 않겠는가! 린네도 통념을 빗어나지 않는 수준에서, 하나의 꽃을 '아홉 개의 수술과 하나의 암술이 동거하는 침실'로 묘사했다. 한 명의 처녀가 아홉 명의 구애자들에게 둘러싸여 있는 형국이었다. 다윈의 할아버지가 쓴 《식물원》 2권에 실린 〈식물들의 사랑〉이라는 시에도 이와 비슷한 비유가 등장한다. 어린 다윈이 성장한 환경은 이 정도 수준이었다.

그러나 비글호 항해에서 돌아온 지 한두 해가 지나서, 다윈은 자가수분이라는 통념을 이론적으로 파헤치고 싶은 충동을 느꼈다. 그는 1837년의 비망록에 이렇게 썼다. "수컷과 암컷의 생식기를 모두 가진 식물이 다른 식물의 구애를 받아들일까?" 그는 이렇게 추론했다. "만약 식물이 진화하려면 교차수분cross-pollination이 필수적이다. 그러지 않으면 아무런 변화도 일어나지 않을 테니, 세상은 단 한 종의 자가수분 식물로 가득 찰 수밖에 없을 것이다. 그러나 실상은 어떠한가! 세상에는 엄청나게 다양한 종들이 공존하지 않는가?"

1840년대 초, 다윈은 자신의 이론을 검증하는 작업에 착수했다. 그는 다양한 꽃들(그중에는 진달래와 철쭉도 포함되어 있었다)을 절개하여 분석해본 결과, 상당수의 꽃들이 자가수분을 막거나 최소화하는 구조를 보유하고 있음을 확인했다.

그러나 다윈이 식물을 집중적으로 연구하기 시작한 것은 1859년 《종의 기원》이 출간되고 난 후였다. 초기 연구에서는 관찰과 수집이 주종을 이루었지만, 이때부터는 실험을 통해 주요한 지식을 습득하기 시작했다.

다른 사람들과 마찬가지로, 다윈은 영국에 서식하는 두 가지 형태의 달맞이꽃을 관찰했다. 하나는 암술이 길쭉한 핀pin 스타일이고, 다른 하나는 암술이 짧은 슘thrum 스타일이었다. 이 차이는 특별한 의미가 없는 걸로 간주되었지만 다윈은 그렇지 않다고 생각했다. 그는 자녀들이 가져온 달맞이꽃 다발을 조사해보고, 핀과 슘 스타일의 비율이 정확히 일대일이라는 사실을 발견했다.

다윈의 상상력이 즉시 번득였다. "일대일이라는 비율은 암수가 분리된 종에서 예상할 수 있는 것이다. 그렇다면 달맞이꽃이 아무리 암수한그루hermaphrodite라고 해도, 길쭉한 스타일의 꽃은 암꽃, 짧은 스타일의 꽃은 수꽃이 되고 있는 과정이 아닐까?" 다윈은 과도기 형태, 즉 암수분화의 진화 현장을 실제로 목격한 것일까? 그건 멋진 아이디어였지만 신빙성이 떨어졌다. 왜냐하면 짧은 스타일의 꽃(잠정적인 수꽃)은 길쭉한 스타일의 꽃(잠정적인 암꽃)만큼이나 많은 씨앗을 맺었기 때문이다. 그의 친구 T. H. 헉슬리T. H. Huxley의 표현을 빌리면, 그것은 "아름다운 가설beautiful hypothesis을 추한 팩트ugly fact로 죽이는 꼴"이었다.

　그렇다면 상이한 암술 스타일과 그것의 일대일이라는 비율은 무엇을 의미하는 것일까? 다윈은 이론 세우기를 포기하고 실험에 착수했다. 그는 꽃가루 매개자의 역할을 떠맡아, 잔디밭에 엎드려 얼굴을 대고 이 꽃에서 저 꽃으로 꽃가루 옮기는 수고를 마다하지 않았다. 경우의 수는 네 가지(2^2=4)였다. 길쭉한 스타일에서 길쭉한 스타일로, 짧은 스타일에서 짧은 스타일로, 길쭉한 스타일에서 짧은 스타일로, 짧은 스타일에서 길쭉한 스타일로. 나중에 씨앗이 맺히자, 그는 씨앗을 모두 수집하여 무게를 달았다. 그러고는 네 가지 커플로 분류하여 평균 무게를 비교하여, 교차수분한 커플이 씨앗을 가장 많이 맺는다는 결과를 얻었다. 그의 최종 결론은 이러했다. "이형화주성heterostyly(똑같은 식물인데도 암술 또는 수술의 길이가 다른 꽃이 피는 현상)은 교차수분을 촉진하기 위해 진화한 장치contrivance이며, 실제로 교차수분을 해보니 씨앗의 수와 생명력이 증가했다." 그는 이 같은 현상을 잡종강세hybrid vigour라고 불렀으며, 나중에 이렇게 적었다. "내 과학 인생에서, 달맞이꽃이라는 꽃식물의 구조가 어떤 의미를 갖는지 이해했을 때만큼 만족을 느낀 적은 없었다."

　이 주제는 여전히 다윈의 특별한 관심사였지만(그는 1877년《이형화주The Different Forms of Flowers on Plants of the Same Species》라는 책을 발간했다), 그의 주된 관심사는 "꽃식물이 '곤충을 꽃가루 매개자로 이용하는 방법'에 어떻게 적응했나"라는 것이었다. 물론 '곤충은 특정한 꽃에 이끌려 그 꽃을 방문하며 꽃가루를 온통 뒤집어쓰고 나온다'는 것은 널리 알려진 사실이었다. 그러나 그 중요성에 대해 생각하는 사람은 아무도 없었다. 그도 그럴 것이, 당시에는 '꽃은 자가수분을 한다'는 선입견이 지배적이었기 때문이다.

다윈은 이미 1840년에 그런 선입견을 의심하고, 1850년대에 다섯 명의 자녀들을 연구에 투입하여, 수컷 호박벌의 비행경로를 종이에 그리게 했다. 그는 다운하우스 주변의 초원에서 자생하는 난초를 특히 좋아하여, 난초에 날아드는 벌부터 연구하기 시작했다. 뒤이어 친구와 (연구에 사용하라고 난초를 보내준) 지인들의 도움을 받아, 모든 종류의 열대난초에까지 연구 범위를 확장했다. 다윈에게 큰 도움을 준 사람은 후커였는데, 그는 그즈음 큐 가든의 원장으로 승진해 있었다.

난초 연구는 신속하고도 순조롭게 진행되어, 다윈은 1862년 원고를 출판사에 보낼 수 있었다. 책의 제목은 빅토리아 시대에 걸맞게 길고 명확했다. 《영국과 외국의 난초들이 곤충을 이용하여 수분하는 데 사용하는 장치의 다양성에 대하여On the Various Contrivances by Which British and Foreign Orchids Are Fertilised by Insects》(이하《난초》). 그의 의도 (또는 희망 사항)는 책의 서문에서 잘 드러난다.

나는 《종의 기원》에서, "고등 유기체는 간혹 다른 개체들과의 교배가 필요하다"는 신념에 대해 일반적인 이유만을 제시했다. 나는 이 책에서 한 걸음 더 나아가, 내가 그동안 자세한 연구를 해보지도 않고 호언장담을 일삼은 게 아님을 증명하고 싶다. 또한 나는 이 책을 통해 "유기적인 존재에 관한 연구는 (창조자가 구조의 사소한 세부 사항까지 직접 간섭한다고 간주하는) 신앙인들뿐만이 아니라, (각각의 구조는 자연법칙에 따른다고 확신하는) 관찰자들에게도 흥미롭다"는 사실을 입증하려고 한다.

다윈은 이 서문에서 자신의 좌우명을 분명한 어조로 제시했다. "대상을 더욱 잘 설명하라, 할 수 있는 데까지."

다윈은 난초와 꽃을 전례 없이 면밀하게 관찰하고 분석하여, 《종의 기원》보다 훨씬 자세한 내용이 담긴 책으로 펴냈다. 이는 그가 현학적이거나 강박적인 인물이어서가 아니라, 세밀하지 않으면 유의미하지 않다고 느끼는 성격의 소유자이기 때문이었다. 사람들은 '신이 세세한 것에 관여한다'고 믿었지만, 다윈은 '그건 신이 하는 일이 아니라 자연선택의 소관 사항'이라고 생각했다. 자연선택은 수백만 년에 걸쳐 꽃을 세부적으로 빚어내므로, 역사와 진화의 관점에서 바라보아야만 그 의미를 온전히 이해할 수 있다는 것이 그의 지론이었다. 아들 프랜시스는 아버지의 식물학 연구 방법에 대해 이렇게 말했다.

비판자들은 도그마에 빠져 특정 구조의 무용성을 논하고, 자연선택을 통해 발달했을 리가 없다는 주장을 펼쳤다. 그러나 아버지는 면밀한 관찰을 통해, 비판자들을 이렇게 몰아붙였다. "나는 외관상 무의미해 보이는 융기ridge와 돌출부horn의 중요한 의미를 설명할 수 있다. 누가 감히 특정 구조의 무용성을 주장하려 하는가?"

매우 신중한 관찰자로 알려진 독일의 식물학자 크리스티안 콘

라트 슈프렝겔Christian Konrad Sprengel은 1793년에 출간한《꽃의 형태와 수분 과정에서 발견된 자연의 비밀The Secret of Nature in the Form and Fertilization of Flowers Discovered》이라는 책에서, "꽃가루를 적재한 꿀벌이 꽃가루를 이 꽃 저 꽃으로 운반한다"고 설명했다. 다윈은 슈프렝겔의 책을 늘 '경이로운 책'이라고 불렀다. 그러나 아무리 용의주도한 관찰자라고 해도, 슈프렝겔은 놓친 비밀이 하나 있었다. 그는 린네의 영향력에서 아직 벗어나지 못해, "꽃들은 모두 자가수분을 하며, 동종同種의 꽃은 본질적으로 같다"는 원칙을 신봉하고 있었던 것이다. 그러나 다윈은 린네와 결별하고 새로운 비밀을 알아냈는데, 그 내용인즉 "꽃은 교차수분을 선호하며, 이를 촉진하기 위해 다양한 장치들을 진화시켰다"는 것이었다. 구체적으로, 다윈이 언급한 '장치'에는 (곤충을 유인하는 데 사용되는) 꽃의 다양한 패턴 · 색깔 · 형태 · 꿀 · 향기 등 모든 특징들이 포함되며, 곤충이 꽃을 떠나기 전에 꽃가루를 잔뜩 뒤집어씌우는 도구도 그런 장치 중의 하나였다.

다윈은 식물에 관한 연구 덕분에 세상 보는 눈이 많이 달라졌다. 아는 만큼 보인다는 말이 있듯, 한때 목가적인 풍경으로 여기던 그림(화사한 꽃 사이에서 윙윙거리며 날아다니는 곤충)을 이제는 생물학적 심오함과 의미가 가득 담긴 '필사적인 삶의 현장'으로 간주했다. "꽃의 색깔과 향기는 곤충의 감각에 적응했다. 벌은 파란색과 노란색 꽃에 이끌리지만 빨간색 꽃은 무시하는데, 그 이유는 적색맹red-blind이기 때문이다. 한편, 꽃들은 자외선을 꿀벌 안내bee guide◆표지로 사용하는데, 이는 벌이 보라색보다 파장이 짧은 빛을 인식한다는 점을 이용한 것이다. 나비는 빨간색을 잘 감지하기 때문에, 빨간 꽃의 꽃가루를 운반하지만 파란 꽃이나 보라색 꽃은 무시할 수 있다. 야행성 나방에게 꽃가루 배달을 맡기는 꽃들은 색상이 다양하지 못한 대신에 향기를 풍겨 나방을 유혹하는 경향이 있다. 그리고 파리에 의존하는 꽃들은 썩은 고기의 악취를 흉내 내기도 한다."

다윈은 식물의 진화뿐만 아니라 식물과 곤충의 공진화coevolution도 최초로 다뤘다. 자연선택은 곤충의 구기mouth part와 꽃의 구조가 일치하도록 유도하는 경향이 있었고, 다윈은 그런 사례를 예측하며 특별한 기쁨을 느꼈다. 예컨대, 거의 30센티미터에 달하는 꿀샘 nectary을 가진 마다가스카르 난초의 구조를 분석하며, 그 꿀샘을 탐지하는 데 알맞은 주둥이proboscis를 가진 나방이 발견되기를 기대했다. 아니나 다를까 그가 세상을 떠난 지 수십 년 후 마침내 그런 나방한 종이 발견되었다.

완곡한 어법을 구사하기는 했지만《종의 기원》은 창조론에 대한 정면 도전이었다. 다윈은 인간 진화를 가급적 언급하지 않으려 신중을 기했지만, 그의 이론이 뭘 암시하는지는 누가 봐도 분명했다. 특히 '인간이 고작 다른 동물의 후손(유인원)으로 간주될 수 있다'는 생각은 격분과 조롱의 표적이 되었다. 그러나 대부분의 사람들은 식물만큼은 별종이라고 생각했다. 식물은 움직이지도 느끼지도 못하고, 자기들만의 왕국에 살며, 넘을 수 없는 벽을 사이에 두

◆　꿀이 분비되는 부위를 눈에 띄게 하는 특별한 색채 배치를 말하며, 곤충이 꿀에 도달하도록 도와주는 기능을 수행한다. 식물 종에 따라서는 가시부可視部의 색이 아니라, 자외선 반사율의 차이를 통한 꿀벌 안내나 국부적인 냄새에 의한 꿀벌 안내도 있을 수 있다. (옮긴이)

고 동물계와 나뉘어 있기 때문이다. 눈치 빠른 독자들이라면, 이 대목에서 뭔가 떠오르는 게 있을 것이다. '그런 분위기에서 식물의 진화를 연구하면 어떤 장점이 있지 않았을까?' 다윈의 생각도 그랬다. '식물의 진화는 동물과 관련성이 적고 심적 부담이 적어, 차분하고 이성적으로 접근하기에 안성맞춤'이라는 게 다윈의 판단이었다. 그는 애서 그레이에게 이런 편지를 썼다. "내가 《난초》에 공을 들인 의도를 알아챈 사람이 아무도 없어 천만다행이야. 식물은 적(창조론자)을 측면공격할 수 있는 좋은 소재인 것 같아." 헉슬리(그는 '다윈의 불독'으로 불릴 만큼 열렬한 진화론 옹호론자였다)만큼 전투적이지는 않았지만, 다윈도 적과의 일전을 불사하며 군사적 메타포military metaphor를 굳이 피할 생각은 없었다.

그러나 다윈이 쓴 《난초》의 필치는 호전성이나 격렬함과 거리가 멀었으며, 대상을 진정 기쁘고 즐겁게 바라보는 태도가 엿보였다. 그가 지인들에게 보낸 편지에서는 늘 기쁨이 넘쳐났다.

당신은 내가 난초를 보고 얼마나 기뻐했는지 상상할 수 없을 거요. 그 구조가 얼마나 경이로웠던지! 난초의 풍요로움은 나를 미치게 할 지경이었고, 각 부분의 적응은 타의 추종을 불허했소. 카타세툼Catasetum은 내가 지금껏 본 난초 중에서 가장 인상적이었소. 카타세툼 주변에서 날아다니는 벌들의 꽁무니에 꽃가루가 달라붙은 것을 보고 얼마나 행복했던지! 내 평생에 난초만큼 흥미로운 주제를 제공한 생물은 없었소.

꽃의 수분은 평생 동안 다윈의 관심을 사로잡았다. 《난초》를 발간한 지 약 15년 후, 다윈은 식물 전체로 범위를 넓혀《식물계에서 교차수분과 자가수분의 영향The Effects of Cross and Self Fertilization in the Vegetable》이라는 책을 출간했다.

그러나 식물이 생식을 하려면, 생존하고 번성하며 생태적 틈새ecological niche를 찾아야(또는 개척해야) 한다. 그래서 다윈은 식물의 생존에 필요한 장치와 적응과 (다양하고 때로는 놀라운) 생활 방식에도 관심을 쏟았는데, 그중에는 동물과 유사한 감각기관과 운동 능력도 포함되었다.

다윈은 1860년 여름휴가 때 식충식물을 처음으로 발견하고 곧바로 연구에 몰두하여, 15년 후《식충식물Insectivorous Plants》발간으로 결실을 맺었다.《식충식물》은 평이하고 다정다감한 문체로 쓰였으며, 대부분의 저서들과 마찬가지로 개인적 회상으로 서두를 시작했다.

나는 서식스의 한 벌판에서, 수많은 곤충들이 끈끈이주걱Drosera rotundifolia의 이파리에 걸려든 것을 보고 깜짝 놀랐다. 한 끈끈이주걱의 경우, 여섯 개의 이파리가 모두 먹잇감을 포획하고 있었다. 우리는 한때 '많은 식물들이 별 뜻 없이(아무런 이익도 취하지 않고) 곤충의 죽음을 초래하는가 보다'라고 생각했었지만, 사실은 그게 아니었다. 끈끈이주걱이 곤충 포획이라는 특수 목적을 달성하기 위해 탁월하게 적응했음을 밝히는 데는 오랜 시간이 필요하지 않았다.

적응adaptation이라는 아이디어는 늘 다윈의 뇌리를 벗어나지 않았다. 거친 잡초와 작은 야생화들만 우글거리는 황야에서 괴상망측한 끈끈이주걱을 바라보는 순간 눈이 휘둥그레져, '이건 완전히 새로운 적응이로구나'라는 생각이 번뜩 든 것도 바로 그 때문이었다. 끈끈이주걱의 이파리는 겉이 끈끈할 뿐 아니라, 섬세한 섬유filament(다윈은 이것을 촉수tentacle라고 불렀다)로 뒤덮여 있었다. 게다가 섬유의 끝부분에는 분비선gland이 자리 잡고 있었다. 다윈은 분비선의 용도가 궁금해 견딜 수 없었다. "잎의 한복판에 있는 분비선에 작은 유기물이나 무기물이 닿으면 무슨 일이 벌어질까?"라고 중얼거리고는, 이것저것으로 분비선을 건드리며 촉수들의 반응을 관찰하기 시작했다.

다윈은 끈끈이주걱의 잎을 두 그룹으로 나눠, 한 그룹에는 달걀흰자 부스러기를, 다른 그룹에는 비슷한 크기의 무기물질을 들이댔다. 그랬더니 무기물질은 순식간에 방출되었지만, 달걀흰자는 그대로 머물렀다. 이윽고 촉수들이 동요를 일으키더니 분비선에서 나온 산酸이 달걀흰자를 소화시켜 흡수했다. 곤충을 들이대도 마찬가지였으며, 특히 살아 있는 곤충인 경우에는 반응이 좀 더 빨랐다. 그는 《식충식물》에 이렇게 적었다.

작은 유기물이 닿을 경우, 분비선들은 주변에 있는 촉수들에게 운동자극motor impulse 신호를 보낸다. 잠시 후 가까운 곳에 있는 촉수들이 반응하여 한복판을 향해 서서히 구부러진다. 그다음에는 좀 더 먼 곳에 있는 촉수들이 반응하고, 종국에는 모든 촉수들이 그 유기물을 에워싼다. 그러나 영양가 없는 물체가 닿을 경우, 촉수들은 금세 알아채고 물체를 밀쳐낸다.

입도, 소화관도, 신경도 없지만, 끈끈이주걱은 먹이를 효율적으로 포획한 다음 특별한 효소를 이용하여 소화시키고 흡수하는 것으로 밝혀졌다. 그러나 그게 전부가 아니었다. 다윈은 끈끈이주걱의 작용 메커니즘만 밝힌 게 아니라, 끈끈이주걱이 그런 비범한 생활 방식을 채택한 이유가 뭔지도 알아냈다. 그는 끈끈이주걱이 (유기물과 동화용 질소assimilable nitrogen가 비교적 부족한) 습지와 산성토양에 서식한다는 데 주목했다. 그런 척박한 조건에서 생존할 수 있는 식물은 별로 없지만, 끈끈이주걱은 토양이 아니라 곤충에서 질소를 직접 흡수함으로써 생태적 틈새를 차지하는 방법을 알아냈다. 말미잘에 못지않은 촉수의 협응운동coordination과 동물을 방불케 하는 소화 능력에 놀란 다윈은 애서 그레이에게 다음과 같은 내용의 편지를 썼다. "자네는 내가 사랑하는 끈끈이주걱의 장점을 과소평가하고 있어. 끈끈이주걱은 경이로운 식물, 아니 매우 현명한 동물이라네. 나는 죽는 날까지 끈끈이주걱의 권리를 옹호할 작정이니 그리 알게."

다윈은 끈끈이주걱의 잎 하나를 골라, 절반에 칼자국을 내보았다. 그러자 칼자국이 난 부분이 마치 신경이 절단된 것처럼 불구가 되는 게 아닌가! 그는 그레이에게 쓴 편지에서 이렇게 말했다. "그 잎은 척추 골절로 하반신이 마비가 된 사람과 비슷했어."

다윈은 나중에 파리지옥Venus flytrap 표본을 입수하여 관찰했다. 파리지옥은 끈끈이주걱과 마찬가지로 끈끈이귀갯과Droseraceae에 속하며, 조개껍질처럼 생긴 포충엽捕蟲葉을 갖고 있다. 다윈은 포충엽의 신속한 움직임에 감탄했다. 벌어진 포충엽 속에 들어간 곤충이 방아쇠 모양의 감각털sensory hair을 건드리는 순간, 잎이 순식간에 닫히면서 곤충이 감금되는 게 아닌가! 반응이 매우 빠른 것을 보고, 다윈은 '전기 또는 신경 자극 비슷한 게 작용하는지도 모르겠다'고 생각했다. 이 문제를 생리학자인 동료 버든 샌더슨Burdon Sanderson에게 문의했더니, 샌더슨은 실험을 해보고 "흥분한 포충엽에서 전류가 감지되었고, 전류가 흐를 때 포충엽이 닫혔습니다"라고 대답해줬다. 다윈은 떨 듯이 기뻐하며《식충식물》에 이렇게 적었다. "포충엽이 자극을 받으면 전류가 흐르며, 이 전류가 잎을 움직이는 원동력으로 작용한다. 포충엽이 닫히는 원리와 동물의 근육이 수축하는 원리는 똑같다."

식물은 종종 감각과 움직임이 없는 것으로 간주되었지만, 다윈은 식충식물 연구를 통해 이러한 선입견을 통렬하게 반박했다. 그러나 다윈은 식충식물에 머물지 않고, 다른 식물의 운동에도 관심을 돌렸다. 그가 이번에 주목한 것은 덩굴식물climbing plant이었는데, 이 연구는 후에《덩굴식물의 운동과 습관에 대하여On the Movements and Habits of Climbing Plants》를 출간함으로써 절정을 이뤘다. 덩굴뻗기는 효율적인 적응으로서, 다른 식물에 기대어 높은 곳으로 가지를 뻗음으로써 단단한 지지조직supporting tissue의 부담을 덜 수 있다. 그리고 덩굴식물의 수법은 다양해서, 전요식물twining plant◆, 반연식물leaf-climber◆◆, 덩굴손식물 등이 있다. 다윈이 덩굴식물에 매료된 것은, '혹시 눈이라도 있어서, 주변의 적절한 지지대를 척척 찾아내는 게 아

◆   줄기 자체로 다른 물건을 감으면서 올라가는 식물. (옮긴이)
◆◆   가시나 날카로운 끄트머리로 다른 물건을 감아 뻗어 올라가는 식물. (옮긴이)

닌가?'라는 의구심이 들었기 때문이다. 그는 애서 그레이에게 이런 편지를 썼다. "나는 덩굴손식물에 눈이 달렸다고 믿어. 그렇지 않고 서야 그렇게 복잡한 적응이 어떻게 가능했을까?"

다윈은 전요식물을 모든 덩굴식물들의 조상으로 간주하고, 덩굴손식물과 반연식물이 차례대로 진화했을 거라고 생각했다. 그리고 각 단계마다 다양한 틈새가 열려, 식물이 적응할 여지가 생겼을 거라고 생각했다. 그리하여 모든 덩굴식물들은 신의 명령에 따라 단번에 창조된 것이 아니라, 시간 경과에 따라 서서히 진화했다는 결론을 내렸다. 그러나 문제가 하나 있었다. 전요식물은 맨 처음 어떻게 진화한 걸까? 다윈은 여러 전요식물의 줄기, 잎, 뿌리가 어떻게 움직이는지를 면밀히 관찰했다. 그런데 그런 움직임은 최초에 진화한 식물들(예컨대 소철류, 양치식물, 해조류 등)에서도 관찰되었는데, 그 식물은 빛을 향해 성장할 때 위로만 곧바로 솟아오르지 않으며, 빛을 향해 휘거나 나선형으로 돌기도 하는 것으로 밝혀졌다. 따라서 다윈은 이런 생각을 하게 되었다. "회선운동circumnutation은 식물의 보편적 기질이며, 다른 비틀기 운동들의 원조인 것 같다."

이러한 생각은 수십 건의 '아름다운 실험들'과 더불어, 1880년에 출간된 식물학 연구의 결정판《식물의 운동력The Power of Movement in Plants》의 모태가 되었다. 그가 설명한 멋지고 기발한 실험들 중에는, 귀리 싹을 이용한 실험이 포함되어 있었다. 그 내용인즉, '귀리 싹을 심은 다음 다양한 방향에서 빛을 비췄더니, 아무리 어슴푸레해서 인간의 눈으로 분간하기 어려운 경우에도 늘 빛을 향해 구부러지거나 휘더라'는 것이었다. 덩굴식물의 경우에 그랬던 것처럼, 그는 이번에도 이런 생각을 했다. "귀리 싹의 잎 끝에 '일종의 눈', 즉 감광영역photosensitive region이 있는 건 아닐까?" 그는 작은 모자를 고안하여, 그것을 먹물로 새카맣게 물들인 다음 귀리 싹의 잎 끝에 씌워 보았다. 아니나 다를까, 귀리 싹은 빛에 전혀 반응하지 않았다. 그가 최종적으로 내린 결론은 이러했다. "귀리 싹의 잎 말단에 빛을 비추면 일종의 전령물질messenger이 분비되며, 이 전령물질이 싹의 운동부motor part에 도달하여 빛을 향해 휘도록 만든다." 이와 마찬가지로, 다윈은 원뿌리primary root와 어린뿌리radicle가 접촉, 중력, 압력, 수분, 화학 기울기 등에 극도로 민감하다는 사실을 발견했다(뿌리는 온갖 장애물들을 다뤄야 하는 기관이므로 그럴 만도 하다). 그는 《식물의 운동력》에 이렇게 썼다.

기능에 관한 한, 식물에서 가장 경이로운 구조를 가진 부분은 어린뿌리의 말단이다. '어린뿌리의 말단은 마치 하등동물의 뇌 중 하나처럼 활동한다'고 해도 거의 지나치지 않다. 감각기관을 통해 다양한 자극을 감지하고, 수많은 운동들을 통제하니 말이다.

그러나 재닛 브라운Janet Browne이 다윈 전기傳記에서 말한 것처럼, 《식물의 운동력》은 "뜻하지 않게 논란을 일으킨 책"이었다. 회선운동에 관한 다윈의 아이디어는 대대적인 비판을 받았다. 그는 회선운동이 사변적 비약speculative leap임을 늘 인정했지만, 독일의 식물학자 율리우스 작스Julius Sachs는 더욱 신랄한 비판을 퍼부었다. 브라운의 말에 의하면, 작스는 어린뿌리의 말단을 하등동물의 뇌에 비유한

다윈의 견해를 비웃으며, "다윈이 집에서 하는 실험은 결함투성이여서 가소롭다"라고 선언했다.

그러나 다윈이 주로 가정에서 활동했음에도 불구하고, 그의 관찰과 실험은 늘 정확하고 적절했다. "잎의 예민한 말단에서 분비된 화학전령chemical messenger이 운동 조직으로 하향 전달된다"는 다윈의 아이디어는 후학들에게 계승되어, 50년 후 옥신auxin이라는 식물호르몬의 발견으로 이어졌다. 옥신은 동물의 신경계가 담당하는 역할들을 상당 부분 수행하는 것으로 밝혀졌다.

다윈은 갈라파고스 제도에서 돌아온 후 정체불명의 질병에 걸려 40년간 시름시름 앓았다. 하루 종일 구토를 하거나 소파에 기대어 있는 경우도 있었고, 나이가 들며 심장에도 이상이 생겼다. 그러나 그의 지적 에너지와 창의력은 전혀 수그러들지 않았고, 다양한 관심사를 추구하는 습관도 평생 동안 지속되었다. 수십 편의 논문과 셀수 없는 서신은 논외로 하더라도, 《종의 기원》 이후 총 열 권의 책을 집필하고 그중 상당수는 대폭 개정했다. 1877년에는 《난초》의 개정증보판(2판)을 출간했는데, 초판이 나온 지 무려 15년 만이었다. 골동품 수집가이자 다윈 전문가인 내 친구 에릭 콘Eric Korn의 말을 빌리면, "언젠가 다윈이 소장했던 《난초》 개정증보판을 구입했는데, 1882년에 발송된 《난초》의 우편주문서 부본이 책갈피에 끼워져 있고, 2실링 9펜스라는 가격이 적힌 주문서에는 다윈의 친필 사인이 담겨 있었다"고 한다. 다윈은 그해 4월에 세상을 떠났으므로, 죽기 몇 주 전까지 난초를 사랑하며 수집을 계속한 것으로 추정된다.

다윈은 자연의 아름다움을 감상할 때 미적인aesthetic 면만 볼 게 아니라, 기능과 적응adaptation이라는 면도 감안해야 한다고 여겼다. 난초는 정원이나 부케의 한구석을 차지하는 장식품일 뿐만 아니라, 자연의 뛰어난 솜씨와 풍부한 상상력, 그리고 자연선택의 힘을 보여주는 사례였다. "아름다운 꽃은 창조자의 손길과 무관하며, 수십만 년에 걸쳐 축적된 우연과 선택의 결과물로 이해될 수 있다." 다윈이 생각하는 꽃의 의미, 모든 식물과 동물의 의미, 적응과 자연선택의 의미는 늘 이런 식이었다.

다윈은 종종 '신성한 의미나 목적을 배제함으로써 세상을 무의미하게 만들었다'는 인상을 준다. 자연선택에는 방향이나 의도가 없고 추구할 목표도 없으므로, 다윈의 세상에는 설계도, 계획도, 청사진도 없는 것처럼 보인다. 다윈주의가 목적론적 사고teleological thinking의 종말을 선언했다는 이야기도 종종 들린다. 그러나 그의 아들 프랜시스는 이렇게 말한다.

내 아버지가 자연사 연구에 크게 기여한 것 중 하나는 목적론을 부활시켰다는 것이다. 진화론자들은 전통적인 목적론자들 못지않게 기관organ의 목적이나 의미를 열심히 연구한다. 다만 차이가 있다면, 그들보다 더 폭넓고 일관된 목적을 추구한다는 것이다. 아버지는 현재만 따로 떼어 생각할 게 아니라, 과거와 현재를 일관된 시각으로 바라봐야 한다고 생각한다. 설사 어떤 부분의 용도를 당장에 발견하지 못하더라도, 그 부분의 구조를 파헤침으로써 우여곡절이 많은 종species의 과거사를 밝혀낼 수 있다는 것이 아버지의 지론이다. 이런 식으로, 아버지는 체계화된 식물 형태 연구에 (지금껏 부족했던) 활력과 통일성을 부여한다. 아버지가 이렇게 할 수 있었던 데는,《종의 기원》뿐만 아니라 특별한 식물학 저서들의 힘도 컸다.

식물학 저서에서, 다윈은 의미(최종적인 의미보다는, 용도나 목적과 같은 즉각적인 의미)를 추구함으로써 진화와 자연선택의 강력한 증거를 발견했다. 그렇게 함으로써, 다윈은 식물학 자체를 순수한 기술학문descriptive discipline에서 진화과학evolutionary science으로 변모시켰다. 사실, 식물학은 최초의 진화과학이었다. 다윈의 식물학 연구는 다른 진화과학들을 모두 이끌었으며, 테오도시우스 도브잔스키Theodosius Dobzhansky의 말을 빌리면 "진화의 관점에 비춰보지 않으면, 생물학에서 의미가 통하는 것은 아무것도 없다"는 통찰력을 길러줬다.

다윈은《종의 기원》을 하나의 긴 논증one long argument이라고 불렀다. 그와 대조적으로, 그의 식물학 저서들은 개인적이고 서정적이고 덜 체계적이었으며, 논증보다는 관찰과 실험과 증명을 통해 효과를 거뒀다. 프랜시스 다윈에 의하면, 애서 그레이는 이렇게 말했다고 한다. "만약《난초》가《종의 기원》보다 먼저 발간됐다면, 다윈은 자연신학자natural theologian들에게 저주를 받기보다 성인으로 추앙받았을 것이다."

라이너스 폴링Linus Pauling은 아홉 살이 되기 전에《종의 기원》을 읽었다고 한다. 그러나 나는 그만큼 조숙하지 않아 긴 논증을 따라잡을 수가 없었다. 내가 다윈의 세계관을 어렴풋이 알아차린 건 우리 집 정원에서였다. 어느 여름날 꽃들이 만발한 우리 집 정원에 서 있는데, 벌들이 이 꽃 저 꽃을 붕붕거리며 날아다녔다. 그때 식물학적 소양이 있는 어머니가 내게 다가와, '다리에 노란 꽃가루를 잔뜩 묻힌 벌들이 무슨 일을 하고 있는지' 설명해줬다. 그러고는 이렇게 말했다. "벌과 꽃들은 서로 의존하고 있는 거란다."

정원에 핀 꽃들은 대부분 향기가 좋고 색깔이 아름다웠지만 예외가 하나 있었다. 목련나무 두 그루가 있었는데, 커다랗지만 색깔이 하얗기만 하고 향기도 없는 꽃을 피웠다. 그런데 목련꽃이 만개하면, 조그만 딱정벌레들이 그 속으로 기어들어갔다. 어머니는 이렇게 설명했다. "목련나무는 아주 오래된 꽃식물이란다. 거의 1억 년 전에 나타났는데, 그때는 벌 같은 곤충이 아직 진화하지 않았던 거야. 벌이 없으니 색깔과 향기도 필요 없었고, 그냥 주변에서 어슬렁거리던 딱정벌레에게 꽃가루 배달을 맡겼단다. 벌과 나비와 (색깔과 향기가 있는) 꽃들은 아직 때가 되지 않아 다음 차례를 기다리고 있었어. 그들은 수백만 년에 걸쳐 아주 조금씩 진화할 예정이었거든." '벌과 나비가 없고, 꽃의 향기와 색깔이 없었던 세상'이라는 아이디어는 내게 경외감을 심어줬다.

'영겁의 세월'이라는 개념과 '하나하나는 작고 지향성이 없지만, 축적되면 새로운 세상(엄청나게 풍부하고 다양한 세상)을 만들 수 있는 변화'의 힘은 중독성이 있었다. 진화론은 대부분의 사람들에게 (신의 계획에 대한 믿음이 제공하지 못한) 심오한 의미와 만족감을 제공했다. 베일에 가려졌던 세상에는 이제 투명한 유리창이 생겼고, 우리는 그 유리창을 통해 생명의 역사 전체를 들여다볼 수 있게 되었다. 진화는 지금과 다르게 진행될 수도 있었다는 생각, 즉 공룡이 아직도 지구를 배회할 수 있고, 인간이 아직 진화하지 않았을 수도 있었다는 생각은 나를 혼란스럽게 하기도 했다. 그러다 보니 삶은 더욱 소중하고 경이로운 현재진행형 모험ongoing adventure(스티븐 제이 굴드는 이것을 눈부시게 아름다운 우연glorious accident이라고 불렀다)처럼 느껴졌다. 우리의 삶은 고정되거나 미리 정해져 있지 않으며, 변화와 새로운 경험에 늘 민감하다.

'지구상에서 살아가기'는 수십억 년 전에 시작되었으며, 이 장구한 역사는 우리의 구조, 행동, 본능, 유전자에 문자 그대로 담겨 있다. 예컨대 우리 인간은 (물고기 조상들과 비교하면 많이 달라지기는 했지만) 새궁gill arch◆의 흔적을 보유하고 있으며, 한때 아가미 운동을 제어하던 신경계도 갖고 있다. 다윈이 《인간의 유래The Descent of Man》에서 말한 것처럼, "인간은 자신의 몸 안에 지울 수 없는 미천한 태생의 흔적을 아직도 지니고 있다". 또한 우리는 좀 더 오래된 과거를 갖고 있다. "인간은 세포로 구성되어 있으며, 세포의 기원은 생명 탄생의 순간까지 거슬러 올라간다."

1837년, 다윈은 "종에 관한 문제"를 개인적으로 정리하던 노트에 계통수tree of life를 그렸다. 전형적인 가지치기 모양의 계통수에는 '진화와 멸종의 균형'이 반영되어 있는데, 다윈이 이 그림에서 강조한 사항은 세 가지로 요약된다. 첫째, 생명은 지속성이 있다. 둘째, 모든 생물들은 하나의 공통 조상에서 진화했다. 셋째, 이러한 의미에서 우리는 모두 서로 연관되어 있다. 따라서 인간은 유인원과 다

◆ 물고기의 아가미 안에 있는 작은 활 모양의 뼈. 아가미를 지탱하고 보호하는 구실을 한다. (옮긴이)

른 동물들은 물론, 식물과도 관련되어 있다(주지하는 바와 같이, 식물과 동물은 DNA의 70퍼센트를 공유한다). 그러나 자연선택의 위대한 엔진인 변이variation 때문에, 모든 종들은 독특하며 개체들도 역시 독특하다.

계통수는 모든 생물의 내력과 혈연관계를 한눈에 보여주며, 각각의 분기점에서 '변형을 동반한 계승descent with modification(이것은 '진화'의 초기 표현이었다)'의 과정을 보여준다. 또한 진화는 중단되지 않고 반복되지 않으며 후진하지도 않음을 보여준다. 멸종은 취소할 수 없다는 것, 즉 가지를 자르면 특정 진화 경로가 영원히 상실된다는 것도 보여준다.

다윈을 통해 나의 생물학적 독특성, 생물학적 내력, 다른 생명 형태와의 생물학적 혈연관계를 알게 되어 기쁘게 생각한다. 이 지식은 내 마음속에 뿌리를 내림으로써 자연을 내 고향처럼 느끼게 해주고, (인간의 문명사회에서 나에게 맡겨진 역할은 차치하고) 나 자신만의 고유한 생물학적 의미를 느끼게 해준다. 동물의 삶은 식물의 삶보다 훨씬 더 복잡하고, 인간의 삶은 다른 어떤 동물의 삶보다도 복잡하지만, 모든 생물은 각자 나름의 생물학적 의미를 갖는다. 그리고 이러한 생물학적 의미의 기원은, 다윈이 부단한 식물 연구를 통해 꽃의 의미를 통찰한 데까지 거슬러 올라간다. 나는 아주 오래전 런던의 한 정원에서 그 의미를 어렴풋이 깨달았다.

스피드

어린 시절 속도에 무척 호기심을 느꼈던 나는, 사람을 비롯하여 모든 동식물의 속도에 관심을 기울였다. 사람들은 저마다 다른 속도로 걸었고, 동물들의 움직임은 더욱 그러했다. 곤충들은 너무 빨라 눈에 보이지 않을 정도지만 날갯짓 소리로 속도와 정체를 파악할 수 있었다. 혐오스러운 '하이 E'의 소음은 모기, 사랑스러운 베이스 음역의 허밍은 살찐 호박벌, 뭐 그런 식이었다. 호박벌은 매년 여름 접시꽃 주변을 날아다녔다. 하루 종일 잔디밭을 가로지르던 애완용 거북은 다른 동물들과 완전히 다른 시간틀time frame 속에서 사는 것 같았다. 식물의 운동은 어떻고? 나는 아침 일찍 정원에 나와, 접시꽃의 키가 좀 더 커지고 덩굴장미가 격자 울타리를 좀 더 휘감은 것을 보곤 했다. 어린이치고 참을성이 제법 강한 나였지만, 꽃들의 움직임을 진득하게 지켜볼 수는 없었다.

이런 경험들은 일찌감치 사진 촬영에 눈을 돌리는 계기가 되었다. 피사체의 속도를 고속촬영 또는 저속촬영을 통해 인간의 지각 속도에 맞추면, 디테일한 움직임이나 시각視覺의 한계를 넘어서는 변화를 포착할 수 있었다. 의대생과 탐조가bird-watcher인 형들이 집 안에 들여놓은 각종 장비들 덕분에 현미경과 망원경을 좋아한 나는 속도조정을 배율조정과 같은 개념으로 생각했다. 슬로모션은 시간 확대, 즉 시간을 현미경으로 가까이 들여다보는 것, 패스트모션은 시간 축소, 즉 시간을 망원경으로 멀찍이 내다보는 것으로 여겼다.

나는 정원에서 종종 식물 촬영 실습을 하곤 했다. 특히 고사리에 관심이 많았는데, 단단히 똬리를 튼 청나래고사리fiddlehead(일명 주교장crosier◆)는 시간을 압축하는 재주를 부리는 시계태엽을 연상시켰다. 나는 카메라를 삼각대 위에 올려놓고 한 시간 간격으로 고사리를 촬영한 다음, 음화陰畵로 현상하여 인화한 사진을 여남은 장씩 묶어 플립북flip book으로 만들었다. 그러고는 플립북을 잔뜩 구부려 속사포처럼 넘기며, 고사리의 성장 과정을 동영상으로 감상했다. 사진 촬영에 걸린 시간은 무려 이틀이었지만, 동영상 감상에 걸린 시간은 겨우 1~2초였다. 종이를 돌돌 말아 만든 종이나팔이 손에서 떨어지자마자 순식간에 펼쳐지는 것처럼, 그건 한바탕의 꿈이었다.

슬로모션 만들기는 (저속촬영 후 플립북으로 만들어 빨리 넘기는) 패스트모션만큼 쉽지 않아, 사진작가인 사촌에게 도움을 요청했다. 그는 초당 100프레임 이상을 촬영하는 무비카메라를 갖고 있었다. 나

◆ 종교의식 때 주교가 드는, 한쪽 끝이 구부러진 모양의 지팡이. 청나래고사리의 모습이 주교의 지팡이를 닮았다고 해서, 주교장이라는 별명으로 부른다. (옮긴이)

는 그에게 빌린 카메라로 접시꽃 주위를 맴도는 호박벌을 겨냥하여, 시간의 경계를 모호하게 하는 날갯짓을 고속촬영으로 담았다. 그런 다음 슬로모션으로 영상을 재생하여, 날개를 위아래로 휘젓는 벌의 동작을 명확하게 관찰할 수 있었다.

속도와 운동과 시간, 그리고 슬로모션과 패스트모션에 관심을 갖다 보니, 나는 자연스레 H. G. 웰스H. G. Wells의 단편소설 두 편, 〈타임머신The Time Machine〉과 〈새로운 가속기The New Accelerator〉에 재미를 붙이게 되었다. 영화와 맞먹는 묘사를 통해, 시간의 변화를 실제 상황처럼 느끼게 하는 게 두 작품의 매력이었다.

웰스의 소설에 나오는 시간여행자의 말은 이렇게 시작된다. "내가 타임머신의 가속페달을 밟으면 낮이 지나가고 밤이 다가오지. 마치 시커먼 날개가 퍼덕이는 것처럼 말이야."

하늘을 가로지르던 태양은 빠르게 도움닫기를 하는가 싶더니, 어느 순간 크게 도약하여 단 1분 만에 하루를 건너뛴다. 세상에서 제일 느린 달팽이는 느릿느릿 기어오다, 그제서야 나를 따라잡겠다고 전력 질주한다. 나는 지금도 계속 가속페달을 밟고 있다. '빠른 흑백 교체'로 짐작할 수 있었던 밤낮의 변화는 이제 '지속적인 회색'으로 통합되어 도무지 분간할 수가 없다. 휙휙 지나가던 태양과 달은 각각 시뻘건 불줄기와 희미하게 출렁이는 띠로 변한다. 나무는 쑥쑥 자라 수증기로 변하고, 삽시간에 우뚝 솟은 건물들은 금세 희미해져 꿈처럼 사라진다. 발아래 펼쳐진 지구 표면의 물체들은 모두 녹아내려 줄줄 흘러간다.

〈타임머신〉의 반대편에는 〈새로운 가속기〉가 있다. 이 소설은 관점을 바꿔, 인간의 지각perception, 사고thought, 대사metabolism 속도를 늘리는 약물을 다룬 스토리다. 약물의 개발자 겸 내레이터는 약물을 직접 복용하고, 빙하로 뒤덮인 세상을 떠돌며 진기한 목격담을 쏟아 낸다.

나와 똑같이 생겼지만 아직 약을 먹지 않은 사람들은 방심하다 얼어 붙었고, 무슨 동작을 취하려다 얼어붙은 사람도 있다. 날개를 간신히 펄럭이며 달팽이 속도로 하강비행을 하는 생물이 하나 있기에, 뭔가 하고 자세히 들여다보니 꿀벌이다.

〈타임머신〉은 1895년에 발간되었는데, 당시에는 새로운 사진 술과 영화 촬영술이 큰 관심을 끌었고, 육안으로 관찰할 수 없는 움직임을 상세히 드러내려는 시도가 줄을 이었다. 프랑스의 생리학자 에티엔쥘 마레Étienne-Jules Marey는 질주하는 말이 네 발굽을 동시에 땅에서 뗄 수 있음을 최초로 증명했다. 역사가 마르타 브라운Marta Braun에 의하면, 마레의 성과는 에드워드 마이브리지Eadweard Muybridge의 유명한 연구('사진을 이용한 동작연구')를 자극하는 데 핵심적인 역할을 했다고 한다. 한편, 마레도 마이브리지에게 자극을 받아 고속카메라 개발에 박차를 가해, 날아다니는 새와 곤충의 동작을 선명한 슬로모션이나 정지영상으로 포착하는 데 성공했다. 그러나 마레는 거기에 그치지 않았다. 그는 저속카메라를 이용하여 성게, 불가사리, 기타 해양동물의 동작을 촬영했는데, 이는 일반적인 방법으로는 도저히 인식할 수 없는 초미세 움직임이었다.

　나는 가끔 '동물과 식물의 속도가 과거와 완전히 달라질 수도 있지 않을까?'라는 의구심을 품었다. 지금껏 그들의 속도를 제한해왔던 내적 한계와 외적 요인(이를테면 지구의 중력, 태양에너지, 대기 중의 산소 농도 등)에서 벗어날 수 있다면 말이다. 그래서 나는 웰스의 또 다른 소설《달세계 최초의 사람들The First Men in the Moon》에 푹 빠졌다. 그 소설은 지구 중력의 몇 분의 일에 불과한 천체에서 식물의 성장 속도가 극적으로 증가하는 과정을 아름답게 묘사했다.

　이 놀라운 씨앗은 한결같은 자신감과 신속한 판단력으로 땅속에 잔뿌리를 내림과 동시에 기묘한 새싹 꾸러미를 공기 중으로 불쑥 내민다. 새싹 꾸러미는 긴장한 상태에서 잠시 몸을 불리다, 이윽고 민첩하게 움직이기 시작한다. 작고 날카로운 끄트머리를 가진 화관花冠이 나오더니, 내 눈앞에서 보란 듯이 길이생장을 거듭한다. 그 움직임은 어떤 동물보다도 느리지만, 식물 중에서는 제일 빠르다. 식물이 이렇게 빨리 자라는 과정을 어떻게 설명하면 당신이 쉽게 알아들을까? 어느 추운 겨울날 따뜻한 손안에 온도계를 쥐었을 때, 가느다란 수은주가 재빨리 솟아오르는 걸 본 적이 있는가? 달에서는 식물이 그렇게 자란다고 생각하면 된다.

　〈타임머신〉이나 〈새로운 가속기〉와 마찬가지로, 《달세계 최초의 사람들》의 묘사는 너무나 영화적이어서 내 마음을 완전히 사로잡았다. 나는 웰스가 어린 시절에 식물의 저속촬영 사진을 본 적이 있는지, 또는 나처럼 식물을 저속촬영한 경험이 있는지 궁금해졌다.

그로부터 몇 년 후, 나는 옥스퍼드 대학교에 다니던 중 윌리엄 제임스William James의 《심리학의 원리Principles of Psychology》를 읽었는데, 〈시간의 지각The Perception of Time〉이라는 근사한 제목의 장章에서 다음 과 같은 내용을 발견했다.

우리는 모든 동물들이 주어진 시간에 지각하는 사건의 수가 거의 일정 하다고 생각한다. 그러나 주어진 시간에 지각하는 사건의 수가 동물마 다 크게 다를 수 있다고 생각할 이유는 충분하다. 폰 베어Von Baer는 이 러한 종별種別 차이가 '자연의 순환에 관한 인식'에 미치는 영향에 흥 미를 갖고, 그 영향을 수치로 계산하는 데 몰두했다.

인간은 1초당 겨우 열 건의 사건을 지각하는데, 만약 열 건이 아니라 1만 건의 사건들을 지각할 수 있다고 가정해보자. 그런데 우리가 일생 동 안 지각할 수 있는 사건의 수가 일정하다면, 지각하는 사건이 1,000배 로 늘어났으므로 수명은 1,000분의 1로 줄어들 것이다. 그렇다면 우 리는 고작 한 달 미만을 살아야 하므로, 계절이 변화한다는 사실을 책 을 통해서만 알 뿐 전혀 실감하지 못할 것이다. 겨울에 태어난 사람은 (석탄기라는 뜨거운 지질시대가 있었음을 믿는 것처럼) 더운 여름이 있 음을 믿어야 한다. 세상의 움직임은 너무 느려 우리의 감각으로 보는 것은 고사하고 추론할 수도 없다. 예컨대 태양은 하늘에 그대로 떠 있 고, 달의 모양은 거의 변화하지 않는 것처럼 보일 것이다.

그러나 이제 가정을 뒤집어, 우리가 주어진 시간에 지각하는 사건의 수 가 1,000분의 1로 줄어들었다고 치자. 그러면 우리의 수명은 1,000배로 늘어나고, 겨울과 여름은 1년의 4분의 1이 아니라 한 시간의 4분의 1처럼 느껴질 것이다. 버섯과 속성 식물들은 속사포처럼 자라, 세상이 순식간에 창조된 것처럼 보일 것이다. 1년생 관목들은 펄펄 끓는 옹달샘처럼 순식간에 우거졌다 지상에서 사라질 것이다. 총알이나 포탄과 같은 동물의 움직임은 우리 눈에 포착되지 않을 것이다. 태양은 별똥별처럼 하늘을 가로지르며 시뻘건 꼬리만 남길 것이다. 어떤 초인간도 당해낼 수 없는 그런 가상적 사례는 동물계 어딘가에서 실현되고 있을 게 분명하므로, 그것을 덮어놓고 부인하는 것은 성급하리라.

제임스의 《심리학의 원리》는 1890년에 출판되었는데, 웰스는 그 당시 젊은 생물학자로서 생물학 교과서를 집필하고 있었다. 웰스가 제임스의 책을 읽었는지, 또는 폰 베어가 1860년대에 발표한 논문을 직접 봤는지는 알 수 없다. 그러나 중요한 것은, 누가 보더라도 제임스, 폰 베어, 웰스의 책과 논문에 영화 촬영 개념이 함축되어 있음을 알 수 있다는 것이다. 주어진 시간에 포착하는 사건의 수를 늘리거나 줄이는 것은 무비카메라가 하는 일이기 때문이다. 무비카메라의 기능인 저속촬영과 고속촬영의 핵심 원리는 초당 24프레임이라는 통상 속도보다 빠르게 또는 느리게 촬영하는 것이다.

◆

흔히들 나이가 듦에 따라 시간이 더 빨리 흐르고 한 해가 달음

질치듯 지나가는 것처럼 느껴진다고 한다. 어렸을 때는 신기하고 흥미로운 일들이 많아 강한 인상이 남았기 때문일 수도 있고, 나이가 들수록 1년이 인생에서 작은 일부에 불과하다고 느끼기 때문일 수도 있다. 그러나 세월이 점점 더 빨리 흐르는 것처럼 느껴질지언정 그건 어디까지나 기분에 불과할 뿐, 물리적인 시간의 길이가 짧아지는 것은 아니다. 매시 매분의 길이는 늘 똑같으니 말이다.

최소한 칠십 줄에 들어선 나의 경우에는 시간이 예전보다 빨리 흐르는 것처럼 느껴진다. 그런데 실험을 해보면 다른 노인들도 그런 결과가 나온다. 젊은 사람들은 3분이라는 시간을 속으로 정확히 헤아리는 데 반해, 노인들은 천천히 헤아리는 경향이 뚜렷하게 나타난다. 노인들에게 눈을 꼭 감고 3분이 지난 후에 손을 들어보라고 하면, 누구나 할 것 없이 3분 30초 내지 4분쯤 되어 손을 든다. 그러나 이러한 현상이 '시간 경과에 대한 실존적·심리적 느낌이 나이가 듦에 따라 빨라지는 현상'과 일맥상통하는지는 분명치 않다.

사실 나이와 상관없이 뭔가에 몰두할 때는 시간이 빨리 흐르는 것처럼 느껴지고, 지루할 때는 견딜 수 없을 정도로 길게 느껴지는 것 같다. 나는 어린 시절 학교 공부를 무척 싫어하여 웅얼거리는 듯한 선생님의 목소리를 억지로 듣는 경우가 많았다. 남몰래 시계를 들여다보며 수업이 끝날 때까지 몇 분이 남았는지 헤아리다 보면, 분침은 물론 초침까지 무한히 느리게 움직이는 것처럼 느껴졌다. 그런 경우 시간에 대한 의식이 과장되는 것은 당연하다. 지루한 사람의 머릿속을 차지하고 있는 것은 온통 시간밖에 없을 테니 말이다.

그와 대조적으로, 내가 집 안에 마련해놓은 '작은 생물학 실험실'에는 늘 기쁨이 충만했다. 나는 주말마다 실험실에 틀어박혀 온갖 실험과 생각에 몰두하며 하루 종일 행복한 시간을 보냈다. 시간을 전혀 의식하지 않아 늦은 저녁이 되어서야 내가 하던 일을 마무리하느라 허둥대기 일쑤였다. 그로부터 몇 년 후 한나 아렌트Hannah Arendt의 《정신의 삶The Life of the Mind》을 읽다가 다음과 같은 구절을 발견했다. "시간이 흘러도 변하지 않는 곳, 시계와 달력의 저편에 영원히 존재하는 완벽한 고요, 시간에 쫓겨 허덕이던 인간적 존재가 조용히 머무는 곳. 시간의 한복판에 버티고 있는 이 작은 비시간적 공간non-time space이여!" 나는 그녀가 뭘 말하고 있는지 정확히 알 수 있었다.

◆

　생명을 위협하는 위험에 갑자기 직면한 사람이 시간을 어떻게 인식하는지에 대한 일화적 설명들은 많지만, 그와 관련된 체계적 연구를 처음 수행한 사람은 1892년 스위스의 지질학자 알베르트 하임Albert Heim이었다. 그는 알프스산맥에서 추락하고도 기적적으로 살아남은 사람 서른 명을 대상으로 정신 상태를 분석하여 이렇게 적었다. "그들의 정신 활동 속도는 무려 100배로 증가했다. 시간이 엄청나게 확장되어, 상당수의 사람들은 자신의 과거사 전체를 순식간에 더듬었다. 천 길 낭떠러지 아래로 추락하는 동안 그들의 마음속 깊은 곳에는 불안감이 완전히 사라지고 수용acceptance의 태도가 자리 잡았다."

　그 후 거의 한 세기가 지난 1970년대에, 아이오와 대학교의 러

셀 노이스Russell Noyes와 로이 클레티Roy Kletti는 하임의 논문을 발견하여 번역한 다음, 그런 경험을 가진 사람들을 200여 명 수소문하여 분석하기에 이르렀다. 그 결과 대부분의 사람들은 하임의 연구에 참가한 사람들과 마찬가지로 사고思考 속도가 증가했으며 자신들이 '삶의 마지막'이라고 여긴 순간 동안 시간의 진행이 느려지는 현상을 경험했노라고 진술했다.

예컨대 자동차 충돌로 인해 10미터 밖으로 튕겨나가 죽을 뻔했던 사람은 이렇게 말했다. "사건이 매우 오랫동안 진행되는 것 같았어요. 모든 장면은 슬로모션이었고, 나는 무대 위에 선 비보이가 되어 수도 없이 텀블링을 하는 것 같았죠. 나는 마치 관중석에 앉아 모든 사건들을 관람하는 느낌이었지만 전혀 두렵지 않았어요." 다른 한 명의 운전자는 언덕을 고속으로 주행하던 중 달려오던 기차와 불과 30미터 거리를 두고 맞닥뜨렸음을 깨닫는 순간, 죽음이 임박했음을 확신했다. "기차가 지나가는 동안 기관사의 얼굴을 봤어요. 마치 영화에 나오는 슬로모션처럼, 흐릿한 장면들이 조금씩 흔들리면서 진행되었어요. 기관사의 얼굴도 그런 형태였죠."

이처럼 죽음이 임박한 상태의 체험을 임사체험臨死體驗이라고 한다. 임사체험의 전형적 특징은 무력감과 수동성, 심지어 이인증dissociation◆이지만, 어떤 임사체험의 경우에는 강렬한 즉각성immediacy과 현실성, 그리고 사고·지각·반응의 극적인 가속화를 수반함으로써

◆ 자기가 낯설게 느껴지거나 자기로부터 분리·소외된 느낌을 경험하는 것으로, 자기 자신을 지각하는 데 이상이 생긴 상태를 가리킨다. (옮긴이)

당사자로 하여금 위험을 성공적으로 회피할 수 있게 해준다. 노이스와 클레티는 한 제트기 조종사가 겪은 임사체험의 심신 상태를 기술한 사례를 소개했다. 조종사는 자신의 비행기가 항공모함에서 부적절하게 발진함으로써 죽음이 거의 확실시되는 상황에 직면했다. "나는 그 순간을 생생히 기억해요. 나는 불과 3초 동안 10여 가지 대응조치를 취함으로써 비행기의 상태를 성공적으로 바로잡았어요. 필요한 수단은 모두 내 손이 닿는 곳에 있었고, 나는 거의 완벽한 자제력을 갖춘 상태에서 상황을 인식하고 통제할 수 있었어요."

노이스와 클레티에 의하면, 많은 참가자들이 이구동성으로 "그 순간 정신적 · 신체적인 능력이 놀라울 만큼 향상되지만, 통상적인 경우에는 그게 불가능했을 것"이라고 응답했다고 한다. 어떤 의미에서 그들은 잘 훈련된 운동선수, 특히 신속한 반응시간을 필요로 하는 종목의 엘리트 선수들이라고 할 수 있다. 투수가 던진 야구공이 시속 160킬로미터에 육박하는 속도로 날아오더라도, 많은 선수들이 증언한 것처럼 실밥을 뚜렷이 드러낸 채 공중에 거의 정지되어 있는 것처럼 보일 수 있다. 그럴 경우, 타자는 갑자기 널찍하게 확대된 시간풍경timescape 안에서 여유롭게 공을 때려낼 수 있다.

자전거 경주의 경우, 선수들은 겨우 몇 센티미터의 간격을 유지하며 시속 70킬로미터에 가까운 속도로 돌진하는 경우가 허다하다. 이는 관람자들이 볼 때 극단적으로 위태로운 상황이며, 실제로 선수들은 몇 밀리세컨드(1,000분의 1초) 수준의 촌각을 놓고 다투므로 약간의 오차만 발생해도 대형 사고에 이를 수 있다. 그러나 고도의 집중력을 유지하는 선수들에게는 모든 것들이 슬로모션으로 움직이는 것처럼 보이므로, 만일의 경우 임기응변이나 미세한 조작에 필요한 공간과 시간을 충분히 확보할 수 있다.

현란한 스피드를 자랑하는 무술 고수들의 동작은 일반인들의 눈이 따라갈 수 없을 정도로 빠르지만, 정작 그들은 발레리나처럼 신중하고 우아하게 행동한다. 트레이너와 코치들은 이런 상태를 이완된 집중상태relaxed concentration라고 즐겨 부른다. 〈매트릭스〉와 같은 영화에서는 스피드에 대한 인식이 변화하고 있음을 나타내기 위해, 하나의 액션에 대해 패스트모션 버전과 슬로모션 버전을 반복적으로 번갈아 보여준다.

아무리 선천적 재능을 가졌더라도, 엘리트 운동선수들은 다년간의 집중적인 실습과 훈련을 통해 고도의 기능을 마스터한다. 처음에는 미세한 기술과 타이밍을 익히기 위해 의식적인 노력과 집중이 필요하지만, 어느 시점이 되면 기술과 신경표상neural representation이 신경계에 깊이 스며들어 제2의 천성으로 자리 잡는다. 이 경지에 이르면 의식적인 노력이나 결정은 더 이상 필요하지 않게 된다. 그리하여 뇌는 한편에서 자동적으로 작동하고 다른 한편에서는 시간에 대한 인식을 형성하는데, 이 인식은 탄력적이어서 압축되거나 확장될 수 있다.

1960년대에 신경생리학자 벤저민 리벳Benjamin Libet은 단순한 운동결정motor decision이 어떻게 이루어지는지를 연구하던 중, "어떤 단서를 의식하기에 앞서서 결정을 나타내는 뇌신호가 감지되며, 그 시차時差는 수백 밀리세컨드이다"는 사실을 발견했다. 100미터 달리기 챔피언은 출발의 총성이 울렸음을 의식하기도 전에 몸을 일으켜

5~6미터를 달려 나간다. 그는 총성이 울린 후 130밀리세컨드 만에 스타팅 블록을 박차고 나가는 반면, 총성을 의식적으로 접수하는 데 걸리는 시간은 400밀리세컨드 이상이다. 리벳은 이렇게 제안했다. "'나는 총성을 듣는 즉시 블록을 박차고 튀어 나간다'는 선수의 믿음은 일종의 환상이다. 그런 환상적인 출발이 가능한 이유는, 그의 마음이 총성 인식보다 거의 0.5초 선행하기 때문이다."

마치 시간이 압축되거나 확장되기라도 하는 것처럼 시간의 재배열reordering이 일어난다는 사실은 '우리가 통상적으로 시간을 어떻게 인식하는가?'라는 의문을 제기한다. 이에 대한 윌리엄 제임스의 추론은 다음과 같다. "우리의 시간 판단과 인식 속도는 '주어진 단위시간 내에 얼마나 많은 사건들을 인식할 수 있느냐', 즉 시간분할 partitioning of time 능력에 달려 있다."

적어도 시지각visual perception의 경우, "의식적 지각conscious perception은 연속적이 아니라 불연속적인 순간들로 구성되어 있으며, 이것들이 죽 연결되어 연속적인 것처럼 보일 뿐이다"라고 주장할 만한 이유는 충분하다. 마치 영화의 프레임처럼 말이다. 테니스 샷을 받아넘기거나 야구공을 때리는 것과 같은 자동적 반응에서, 시간분할은 일어나지 않는 것처럼 보인다. 그러나 신경과학자 크리스토프 코흐Christof Koch는 행동behavior과 경험experience을 구분하여, "행동은 매끄럽게 실행되는 반면, 경험은 영화처럼 불연속적 간격으로 조직된다"고 주장한다. 코흐의 이 같은 의식모델은 '시간의 인식은 가속되거나 감속될 수 있다'는 제임스 메커니즘Jamesian mechanism을 뒷받침한다. 마지막으로 코흐의 말을 들어보자. "비상 상황에 직면한 사람이나 엘리트 운동선수들이 경험하는 슬로모션 현상은 집중력에서 나온다. 강력한 집중력은 시간을 분할함으로써 개별 프레임 간의 간격을 좁힌다."

◆

윌리엄 제임스가 통상적인 시간 개념에서 벗어나게 된 결정적 계기는 특정 약물의 효과 때문이었다. 그는 아산화질소亞nitrous oxide에서부터 페요테peyote*에 이르기까지 다양한 약물들을 몸소 투약해봤다. 그러고는《심리학의 원리》의 〈시간의 지각〉에서, 해시시hashish를 예로 들며 폰 베어의 연구에 대한 고찰을 계속했다. "해시시에 중독될 경우, 시간조망time-perspective**이 이상하게 증가하는 것 같다. 한 문장을 말하면, 문장이 끝나기도 전에 말의 서두가 매우 오래전에 시작된 것 같은 느낌이 든다. 가까운 거리를 가려고 한두 발짝 내딛었을 때도, 끝까지 갈 수 없을 것 같은 생각이 든다."

제임스의 관찰은 50년 전 자크 조셉 모로Jacques-Joseph Moreau가 관찰했던 것과 거의 똑같다. 내과의사인 모로는 고티에, 보들레르, 발자크 등 많은 학자 및 예술가들과 함께 해시시클럽의 멤버로, 1840년

◆　페요테 선인장에서 채취하는 마약. (옮긴이)
◆◆　인간이 자신의 일생 전체라는 긴 시간을 바라보는 관점을 시간조망이라고 하는데, 이것은 발달단계에 따라 변하게 된다. 어린이는 인생의 마지막 지점이라는 관념이 없으므로 생일이 될 때마다 한 살씩 더해가고, 중년 이후부터는 죽음의 순간에서 한 살씩 빼나가며 나이를 거꾸로 계산하게 된다. 즉 45세를 전후하여, 연령이 상승함에도 불구하고 자신의 생애는 나날이 짧아지는 것으로 파악하게 된다. (옮긴이)

대에 파리에서 해시시를 처음 유행시켰던 사람 중 하나다.

나는 어느 날 밤 오페라 가르니에의 복도를 건너던 중, 반대편으로 건너가는 데 시간이 너무 오래 걸린다는 사실을 알고 깜짝 놀랐다. 고작해야 몇 걸음을 내디뎠을 뿐인데, 마치 두세 시간 동안 복도 한복판에 머물러 있는 듯한 착각이 들었다. 나는 발걸음을 재촉했지만, 시간이 좀처럼 빨리 흐르지 않았다. 복도는 무한히 넓고, 내가 향하는 출구는 나의 발놀림 속도에 비례하여 멀어지는 것 같았다.

마약에 중독되면 시간에 대한 감각이 달라진다. 몇 마디, 몇 발자국이 상상할 수 없는 시간 동안 지속된다는 느낌과 함께, 세상이 매우 느려지고 심지어 멈추기까지 한다는 느낌이 든다. 대니얼 에프런Daniel Efron이 1970년에 펴낸 《정신병유사제Psychotomimetic Drugs♦》라는 책에서, 루이스 J. 웨스트Louis J. West는 다음과 같은 일화를 소개했다. "골든게이트 공원에 두 명의 히피들이 앉아 대마초를 피우고 있었다. 그때 멀리서 제트기 한 대가 날아와 그들의 머리 위로 지나갔다. 잠시 후 한 히피가 다른 히피에게 물었다. '친구야, 저 비행기는 왜 내 머리 위를 떠나지 않지?'"

그러나 외부세계가 실제 느리게 움직이더라도, 이미지와 생각으로 구성된 내부세계는 엄청나게 빠른 속도로 지나갈 수 있다. 예컨대 마약에 취하면 정신여행을 통해 다양한 나라와 문화들을 살

♦   정신병 유사 상태를 일으키는 약물. (옮긴이)

샅이 방문하거나, 책 한 권을 저술하거나 교향악 한 곡을 작곡할 수도 있다. 또는 한 일생을 경험하거나 역사시대 하나를 완전히 섭렵할 수도 있다. 그런데 이 모든 활동에 걸리는 시간은 단 몇 분 또는 몇 초에 불과하다. 고티에는 해시시에 취한 상태를 이렇게 묘사했다. "수많은 느낌들이 꼬리에 꼬리를 물고 빠르게 밀려들어, 실제 시간을 인식할 수가 없었다. 환각 상태는 300년 동안 지속된 것 같았지만, 깨어나고 보니 고작 15분 남짓 지나 있었다."

여기서 '깨어난다'는 것은 단순한 비유적 표현이 아니다. 왜냐하면 마약 중독자들의 정신여행은 꿈이나 임사체험에 비견되기 때문이다. 나는 새벽 다섯 시에 울린 첫 번째 알람과 두 번째 알람 사이의 시간이 평생과 같다고 느낄 때가 간혹 있는데, 그 간격은 실제로 겨우 5분에 불과하다.

우리는 곤히 잠들었을 때 커다란 불수의적 움찔거림involuntary jerk을 경험할 수 있는데, 이것을 간대성근경련myoclonic jerk이라고 한다. 이러한 현상은 뇌줄기brain stem의 원초적 부분에서 발생하므로, 뇌줄기반사brain-stem reflex라고 한다. 따라서 어떤 내재적 의미나 모티브 없이, 즉흥적인 꿈에 의해 주어진 의미나 맥락이 행동으로 옮겨지는 경우가 많다. 그러므로 움찔거림은 벼랑에서 떨어지거나 공을 잡기 위해 앞으로 몸을 숙이는 등의 꿈을 꾸는 과정에서 생길 수 있다. 그런 꿈들은 매우 생생하며, 여러 가지 장면들을 동반하기도 한다. 꿈은 움찔거림이 발생하기 전에 시작되는 것으로 보이지만, 어쩌면 움찔거림에 관한 최초의 전의식적 지각preconscious perception◆이 전체적인 꿈 메커니즘을 자극하는지도 모른다. 이처럼 정교한 시간의 재구성은 1초 이내에 일어난다.

뇌전증 발작 중에는 경험발작experiential seizure이라는 특수한 형태가 있다. 경험발작이란 과거에 대한 자세한 회상이나 환영이 갑자기 환자의 의식에 간섭함으로써 일어나는 것으로, 당사자가 느끼기에는 서서히 오랫동안 진행되지만 실제로는 겨우 몇 초 동안 벌어지는 일에 불과하다. 이러한 발작은 전형적으로 뇌의 측두엽temporal lobe에서 발생한 경련활동과 관련되어 있으며, 어떤 환자들의 경우에는 측두엽의 특정한 유발점trigger point에 전기 자극을 가해 일으킬 수 있다. 때로 그런 뇌전증 경험에는 의미감sense of significance이 가득하며, 굉장히 오래 지속된다는 주관적 느낌이 수반된다. 도스토옙스키는 그런 발작에 대해 다음과 같이 적었다.

겨우 몇 초에 불과하지만, 주관적으로 영원한 조화로움eternal harmony의 존재를 느끼는 때가 있다. 끔찍한 것은, 그 장면이 놀라울 정도로 선명하여 내 마음을 황홀감으로 가득 채운다는 것이다. 5초 동안 완전히 인간적인 삶을 살 수 있다면 거기에 내 인생을 걸 것이며, 그로 인해 치르는 대가가 너무 많다는 생각은 추호도 없다.

◆　어떤 시점에서 의식의 밖에 있지만, 약간의 노력이나 노력 없이도 환기시킬 수 있는 정신과정을 말한다. 프로이트는 인간의 정신을 빙산에 비유해, 수면 위로 드러난 아주 작은 부분을 의식, 수면 아래에 잠겨 있는 부분을 잠재의식이라고 했다. 잠재의식 중에서도 수면 가까이에 있는 부분을 전의식, 전의식보다 더 깊은 곳에 잠겨 있는 부분을 무의식이라고 했다. (옮긴이)

마약에 취했을 때 내적인 속도감이 수반되지 않을 수도 있지만, 어떤 경우(특히 메스칼린♦이나 LSD)에는 감당할 수 없는 초광속 스피드로 가상적 우주를 질주할 수도 있다. 프랑스의 시인이자 화가인 앙리 미쇼Henri Michaux는 이렇게 썼다. "메스칼린의 스피드 여행에서 돌아온 사람들은 100~200배로 가속되었다고들 한다. 심지어 평상시 속도의 500배까지 가속페달을 밟았다고 하는 사람들도 있다." 그의 말은 다음과 같이 계속된다. "그런 엄청난 가속은 환상일 테지만, 그보다 훨씬 덜한 가속(이를 테면 정상적인 속도의 여섯 배)이라도 압도적인 느낌을 주기는 마찬가지일 것이다. 그들이 경험한 것은 산더미처럼 쌓인 디테일이라기보다는, 꿈에서 보이는 것과 같은 일련의 전반적인 인상이나 극적인 하이라이트 장면들의 연속이다."

만약 우리가 사고 속도를 측정할 수 있는 실험 수단을 갖고 있다면, 생각의 속도 향상은 뇌의 생리적 기록으로 즉시 나타날 것이며, 그 기록을 통해 신경적으로 가능한 것의 한계가 어디까지인지를 설명할 수 있을 것이다. 그러나 우리는 세포가 어느 수준까지 활동하는지 살펴봐야 하는데, 그것은 개별 신경세포(뉴런)의 수준이 아니라 좀 더 높은 수준, 즉 대뇌피질의 뉴런그룹들 간의 상호작용이 될 것이다. 수십, 수백, 수천 개의 뉴런그룹들이 의식의 신경상관자neural correlate를 형성할 것이기 때문이다.

신경 상호작용의 속도는 일반적으로 흥분력excitatory force과 억제

♦ 북미 남부 인디언들의 종교적 의식에서 섭취하는 선인장Hophophora williamsii에 들어 있는 마취성 알칼로이드 물질. (옮긴이)

력inhibitory force 간의 미묘한 균형에 의해 조절된다. 그러나 억제력이 이완되는 데는 특정한 조건이 필요하다. 꿈은 날개를 펼치고 멀리 날아가며 자유롭고 빠르게 움직일 수 있는데, 그 이유는 대뇌피질의 활성이 외적지각external perception이나 현실의 제약을 받지 않기 때문이다. 아마도 메스칼린이나 해시시에 의해 유도되는 몰입경trance에 대해서도 비슷한 생각을 할 수 있을 것이다.

그와 정반대로, 다른 약물들(예를 들어 항우울제, 아편제제, 바르비투르산염)은 생각과 운동을 흐릿하게 하거나 완전히 억제한다. 따라서 그 약물을 복용한 사람들은 몇 분 동안 아무런 일도 일어나지 않는 것 같은 상태에 빠지지만, 나중에 정신을 차리고 보면 하루가 지나간 것을 알게 된다. 이러한 효과는 지연제Retarder의 효과와 비슷한데, 이것은 웰스가 가속제Accelerator와 반대되는 약물로 상상한 것이다.

지연제는 몇 초의 시간을 평상시의 몇 시간에 해당하는 시간으로 늘려준다. 그리하여 환자는 가장 활발하거나 자극적인 환경에서도 심드렁하고 얼음장 같은 '활동성 및 민첩성 결핍'을 유지하게 된다.

◆

"수년 심지어 수십 년 동안 계속되는 심각하고 지속적인 신경속도장애disorders of neural speed가 있을 수 있다"는 생각이 처음 든 것은, 내가 1966년 뉴욕 브롱크스에 자리 잡은 베스에이브러햄 병원에 신경과 전문의로 부임했을 때였다. 베스에이브러햄은 만성질환 환자들을 위한 병원인데, 나는 그곳에서 (나중에《깨어남Awakenings》에서 언급하게 되는) 환자들을 여러 명 만났다. 병원의 로비와 복도에 수십 명의 환자들이 늘어서 있었는데, 신기하게도 모두 제각기 다른 템포로 움직였다. 어떤 환자는 맹렬한 가속도로 질주하고, 어떤 환자는 슬로모션으로 걷는 둥 마는 둥 하고, 어떤 환자는 한자리에 거의 멈춰서 있는 것 같았다. 나는 그 같은 무질서한 시간풍경을 보고, 웰스의 〈새로운 가속기〉에 등장하는 가속제와 지연제 생각이 문득 떠올랐다. 알고 보니, 모든 환자들은 1917년부터 1928년 사이에 전 세계를 휩쓴 기면뇌염encephalitis lethargica(일명 수면병sleepy sickness)에 걸렸다 살아남은 사람들이었다. 수면병에 감염된 수백만 명 중에서 약 3분의 1은 '급성 단계', '깨어나지 않는 깊은 수면 단계', '진정되지 않는 강렬한 불면증 단계'에서 사망했다. 살아남은 사람들 중 일부는 처음에는 동작이 빨라지고 활발한 기색을 보였지만, 나중에는 극단적인 파킨슨증parkinsonism(이를 뇌염후파킨슨증postencephalitic parkinsonism이라고 한다)에 걸려 움직임이 느려지거나 아예 얼어붙었고, 그런 상태가 수십 년 동안 지속되는 경우도 있었다. 소수의 환자들은 동작이 계속 빨라졌으며, 'M. 에드'라는 환자의 경우에는 특이하게 몸의 한쪽이 빨라지고 다른 쪽은 느려졌다.◆

일반적인 파킨슨병의 경우 떨림tremor이나 경직rigidity 외에도 중

◆ 파킨슨증과 관련된 어휘는 속도와 관련되어 있다. 신경학자들은 속도를 표현하기 위해 일련의 용어들을 사용한다. 만약 동작이 느려지면 운동완만bradykinesia, 멈추면 운동불능akinesia, 과도하게 빨라지면 운동항진tachykinesia이라고 한다. 이와 마찬가지로, 생각이 느려지면 정신완서bradyphrenia, 빨라지면 정신항진tachyphrenia이라고 한다.

등도의 느려짐과 빨라짐이 수반되지만, 뇌 손상의 정도가 훨씬 큰 뇌염후파킨슨증의 경우에는 빨라짐과 느려짐이 뇌와 신체의 생리적·신체적 한계까지 진행될 수 있다. 또한 일반적인 파킨슨병의 경우 운동과 생각의 원활한 흐름에 필수적인 신경전달물질인 도파민 농도가 통상적인 수치의 15퍼센트 미만으로 하락하지만, 뇌염후파킨슨증의 경우에는 거의 0에 가까워진다.

1969년 나는 'L-도파가 뇌 안의 도파민 농도를 상승시키는 데 효과적인 것으로 밝혀졌다'는 내용의 논문을 읽고, 몸이 거의 굳어버린 환자들에게 L-도파를 투여하기 시작했다. 많은 환자들이 처음에는 정상적인 운동 속도와 자유로운 운동 기능을 회복했지만, 나중에는 증상이 정반대 방향으로 진행되었으며 증상이 심했던 환자의 경우에는 더욱 그러했다. 'Y. 헤스터'라는 환자의 경우, L-도파를 투여받은 지 5일 후 운동과 말의 속도가 너무 빨라져, 나는 진료일지에 다음과 같이 적었다.

그녀의 예전 모습이 슬로모션 영화 또는 영사기에 필름이 잘못 끼어 무한히 반복 재생되는 프레임이었다면, 지금은 패스트모션 영화와 같다. 나의 동료는 내가 촬영한 Y여사의 동영상을 보더니, "영사기가 너무 빨리 돌아가는군"이라고 투덜거렸다.

나는 처음에 "헤스터 여사를 비롯한 다른 환자들이 자신의 운동, 언어, 생각 속도가 비정상적임을 알면서도, 스스로 제어할 수 없을 것"이라고 가정했었다. 그러나 곧 그게 착각이었음을 알게 되었다. 영국의 신경학자 윌리엄 구디William Gooddy에 의하면, 일반적인 파킨슨병 환자의 경우에도 마찬가지라고 한다. 구디는 자신의 저서 《시간과 신경계Time and the Nervous System》 첫 부분에서 이렇게 말했다. "관찰자는 파킨슨병 환자의 운동이 얼마나 느린지 알 것이다. 그러나 환자 자신은 시계를 볼 때까지 그 사실을 모른다. 환자는 병동의 벽에 걸린 벽시계를 바라보고, 그제서야 시곗바늘이 너무 빨리 돌아간다고 말할 것이다."

구디는 개인시간personal time과 시계시간clock time을 구분하고, "뇌염후파킨슨증 환자에게 흔한 극단적 운동완만의 경우, 개인시간과 시계시간의 간극은 거의 메울 수 없는 수준이다"라고 말했다. 나는 나의 환자인 V. 미론이 진료실 바깥의 홀에 앉아 있는 모습을 종종 보곤 했다. 그는 오른팔을 무릎 위로 3~5센티미터(간혹 얼굴까지) 들어 올리고 꼼짝도 하지 않았는데, 내가 그런 부동자세를 취하는 이유가 뭔지 물으면 이렇게 말했다. "부동자세라뇨? 난 방금 전 코를 닦고 있었는걸요."

나는 미론이 나를 골리려고 그런다고 생각했다. 그래서 어느 날 아침 몇 시간 동안에 걸쳐 스무 장 이상의 연속사진을 찍은 다음, 스테이플러로 묶어 플립북을 만들었다. 내가 어린 시절 고사리의 동영상을 만들기 위해 그랬던 것처럼 말이다. 마지막으로 플립북을 넘기며 확인해봤더니, 미론은 분명히 자신의 코를 닦고 있었던 것으로 드러났다. 다만, 다른 점이 하나 있다면 그 속도가 일반인들보다 1,000배 정도 느리다는 것이었다.

헤스터 역시 자신의 개인시간이 시계시간과 얼마나 다른지 모르는 것 같았다. 나는 언젠가 내가 지도하는 학생들에게 그녀와 공놀이를 해보라고 했는데, 그들은 한결같이 "아주머니가 전광석화처럼 던지는 공을 받을 수가 없었어요"라고 혀를 내둘렀다. 그녀는 공을 받을 때도 손을 너무 빨리 내밀어, 날아온 공이 손끝에 살짝 닿을 뿐 잡을 수 없었다. 나는 학생들에게 이렇게 응수했다. "그녀가 얼마나 빠른지 알겠지? 다음부터 공놀이를 할 때는, 아주머니라고 과소평가하지 말고 준비를 단단히 해야 해." 그러나 학생들은 그녀의 스피드를 도저히 당해낼 수가 없었다. 그도 그럴 것이, 학생들의 반응시간은 1초의 7분의 1인 데 반해 헤스터의 반응시간은 1초의 10분의 1이었기 때문이다.

미론과 헤스터가 자신들의 속도장애(느려짐 또는 빨라짐)가 얼마나 놀라운 수준인지를 판단할 수 있는 것은, 정상적인 상태에 있을 때(과도하게 가속되거나 지연되지 않을 때)뿐이었다. 그래서 그들에게 때때로 동영상을 보여주거나 녹음을 들려주며 그들을 납득시킬 필요가 있었다.◆

시간척도장애disorder of time scale의 경우 느려짐의 정도에는 한계

◆ 파킨슨증의 공간척도장애disorder of spatial scale는 시간척도장애만큼이나 흔하다. 파킨슨증의 전형적인 징후는 소서증micrographia인데, 소서증이란 깨알 같은 글씨를 쓰거나 처음에는 보통 크기의 글자로 시작해도 시간이 갈수록 점점 더 작아지는 현상을 말한다. 환자들은 당시에는 그 사실을 모르며, 나중에 공간적 준거틀frame of reference이 회복된 후에야 자신의 글씨가 평상시보다 작았음을 알게 된다. 따라서 일부 환자의 경우에는 시간압축compression of time에 비견되는 공간압축compression of space 현상이 발생할 수 있다. 내가 치료하던 뇌염후파킨슨증 환자 중 한 명은 이렇게 말하곤 했다. "나와 환우患友들의 공간은 당신의 공간과 달라요."

가 거의 없지만, 빨라짐은 때때로 발음의 물리적 한계에 의해 제약되는 것처럼 보인다. 만약 헤스터의 동작이 매우 빨라진 상태에서 말하기나 숫자 세기를 빨리 하려고 한다면, 그녀가 내뱉은 말이나 숫자들은 서로 뒤엉켜 엉망이 되고 말 것이다. 그러나 사고나 인식 속도에 장애가 생겼을 경우에는 그런 물리적 한계가 덜 명확하다. 만약 그녀가 네커 큐브Necker cube◆(점선과 실선의 구분이 없는 애매한 정육면체 그림으로, 정상인들은 몇 초마다 한 번씩 다른 관점으로 해석함)를 본다면, 생각/인식이 느려졌을 때는 1~2분마다 한 번씩 관점이 바뀌겠지만(만약 생각/인식이 고정되었다면 전혀 바뀌지 않을 것이다), 생각/인식이 빨라졌을 때는 1초에 여러 번씩 관점이 바뀌므로 정육면체가 깜박이는 것처럼 보일 것이다.

투렛증후군Tourette's syndrome은 강박행위, 틱tic, 불수의운동, 정체불명의 소리가 특징인데, 이 경우에도 운동속도가 현저하게 빨라질 수 있다. 어떤 환자들은 날아가는 파리를 맨손으로 잡을 수도 있는

◆ 아래 그림 ①을 보라. 정육면체의 투시도인데, 점선과 실선의 구분이 없어서 상하좌우 전후의 면이 어느 것인지 도통 알 수가 없다. 그러나 뚫어지게 쳐다보면 먼저 ②로 보였다가, 몇 초 간격으로 ③과 ②를 무한히 반복할 것이다. 이것을 네커 큐브라고 한다. (옮긴이)

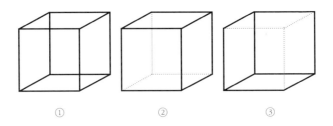

① ② ③

데, 한 환자에게 그게 어떻게 가능하냐고 물었더니 대답이 걸작이었다. 자기는 특별히 빨리 움직이는 것 같지 않고, 그 대신 파리가 천천히 날아가는 것으로 보인다는 것이다.

보통 사람들이 뭔가를 만지거나 움켜쥐려고 손을 내뻗을 때, 그 속도는 초속 1미터 정도 된다. 내가 한 실험에서 정상인에게 가능한 한 빨리 손을 뻗어보라고 했더니, 초속 4.5미터의 속도가 나왔다. 그러나 투렛증후군에 걸린 F. 셰인이라는 예술가에게 똑같은 요구를 했더니, 아무렇지도 않게 초속 7미터로 손을 내미는 게 아닌가!♦ 그렇다고 해서 유연성이나 정확성이 떨어지는 것도 아니었다. 그러나 그에게 보통 사람처럼 손을 움직이게 했더니, 동작이 제한적이고 어설프고 부정확했으며 틱을 연발했다.

중증 투렛증후군 환자로서 말이 매우 빨랐던 한 환자는 내게, "선생님이 보고 들을 수 있는 틱이나 발성 외에도, 느린 눈과 귀로는 도저히 인식할 수 없는 뭔가가 존재해요"라고 했다. 그것은 마이크로틱micro-tic의 영역에 속하는데, 비디오 촬영에 이은 프레임별 분석을 통해서만 확인할 수 있었다. 사실 그 경우에는 여러 가지 마이크로틱 행위들이 동시다발적으로 일어나는데, 1초 동안 줄잡아 수십 가지가 되는 것 같았다. 그 모든 것들의 복잡성은 가공할 만한 속도만큼이나 놀라워서, 5초 동안의 비디오테이프 분석 자료만 갖고서도 틱 지도atlas of tics에 대한 책 한 권을 쓸 수 있을 것 같았다. 내가 생

♦   나는 이 실험 결과를 동료와 함께 한 신경과학회 모임에서 발표했다(Sacks, Fookson, et al., 1993).

각하기에, 틱 지도는 뇌마음brain-mind을 들여다보는 일종의 현미경을 제공할 것 같다. 왜냐하면 모든 틱에는 (내적이든 외적이든) 결정요인 determinant이 존재하는 데다, 모든 환자들의 틱 레퍼토리는 제각기 독특하기 때문이다.

투렛증후군 환자들이 무심결에 보이는 틱은 영국의 위대한 신경학자 존 휼링스 잭슨John Hughlings Jackson이 말하는 감정적emotional(또는 사출성ejaculate) 발언♦과 비슷하다. 사출성 발언은 본질적으로 반응적이고 전의식적preconscious이고 충동적이어서 전두엽·의식·자아의 모니터링을 교묘히 회피하며, 어떻게 제어할 겨를도 없이 입을 떠나버린다.

◆

투렛증후군과 파킨슨증은 운동과 생각의 속도뿐만 아니라 질적인 면도 변화시킨다. 빨라진 상태는 발명과 상상력 부분에서 괴력을 발휘하는 경향이 있으며, 자체적인 추진력에 따라 하나의 연상association에서 다음 연상으로 신속히 도약한다. 그와 대조적으로, 느려진 상태는 조심스러운 우려와 진지한 비판을 수반하므로 진도가 잘 나가지 않는다. 이는 파킨슨병에 걸린 심리학자 아이번 본Ivan Vaughan이 밝힌 것으로, 자세한 내용은 그가 1986년에 쓴 비망록《아

♦　복잡하고 구문론적으로 정교한 명제발언propositional speech과 반대되는 말이다. (옮긴이)

이번: 파킨슨병과 함께 살다Ivan: Living with Parkinson's Disease》에 수록되어 있다. 그는 내게 이렇게 말했다. "나는 L-도파의 영향력하에 있는 동안 모든 집필 활동을 수행하려고 노력했어요. L-도파를 복용했을 때는 상상력과 정신 과정이 자유롭고 신속하게 작동하여, 온갖 종류의 연상들이 풍부하고 예기치 않게 떠올랐어요. 물론 정신 활동이 너무 빨라지면 집중력이 손상되는 바람에, 작업이 막무가내로 진행되는 문제점도 있긴 했지만요. 그러나 L-도파의 약 기운이 떨어지면, 나는 신중한 상태로 돌아섰어요. 그래서 그동안 중구난방으로 벌여놨던 것들을 편집하고 가지치기하는 데 전념했죠."

내가 돌보던 환자 레이는 종종 투렛증후군에 포위되어 고통을 받았지만, 그것을 다양한 방법으로 활용하는 방법을 터득하기도 했다. 빠르고 때로는 엽기적이기까지 했던 그의 연상작용은 그를 '두뇌 회전이 빠른 사람'으로 만들었다. 그는 '틱적인 재치ticcy witticisms'와 '재치 있는 틱witty ticcicisms'이라는 용어를 유행시켰고, 자신을 스스로 '재치와 틱을 겸비한 레이Witty Ticcy Ray'라고 불렀다.◆ 레이는 이 같은 신속함과 재치를 음악적 재능과 결합하여, 드럼 즉흥연주자의 귀재로 등극했다. 게다가 그는 타의 추종을 불허하는 탁구의 달인이었다. 왜냐하면 반응속도가 빠른 건 기본이고, 자기 자신조차도 예측할 수 없는 샷(기술적으로 반칙은 아니었음)을 날려 상대방의 범실을 유도했기 때문이다.

극도로 심각한 투렛증후군을 앓는 환자들은 폰 베어와 제임스

◆　레이는《아내를 모자로 착각한 남자》의 주인공이다.

가 상상했던 가속된 존재speeded-up being에 가깝다고 할 수 있으며, 투렛증후군 환자들도 간혹 자신들을 '과급되었다supercharged'◆고 묘사한다. 내가 돌보는 환자들 중 한 명은 투렛증후군을 '승용차에 500마력짜리 엔진을 장착하는 것'에 비유한다. 세계적 수준의 운동선수들 중에는 투렛증후군 환자들이 즐비한데, 대표적인 사람 몇 명을 꼽아보면 야구계의 짐 아이젠라이크와 마이크 존스턴, 농구계의 마흐무드 압둘-라우프, 축구계의 팀 하워드가 있다.

이쯤 되면 이렇게 질문하는 사람들이 있을 것이다. "투렛증후군으로 인한 가속이 그렇게 적응적인adaptive 신경학적 재능이라면, 왜 자연선택이 그들을 선호하여 '가속된 존재'들의 수를 대폭 늘리지 않았을까요? 비교적 느리고, 재미없고, 통상적인 것의 장점은 뭘까요?" 과도하게 느린 것이 불리하다는 게 확실하다면, 과도하게 빠른 것도 문제라는 점을 명심할 필요가 있다. 투렛증후군과 뇌염후파킨슨증으로 인한 가속에는 억제력상실disinhibition이 수반되어 충동과 성급함을 억제하지 못하므로, 부적절한 행동이 갑작스럽게 나타날 수 있다. 그럴 경우에는 위험한 충동(예를 들어, 손가락으로 뜨거운 난로를 만지거나, 달리는 자동차 앞을 가로질러 달려감)을 제어하는 고삐가 풀려, 의식이 개입하기 전에 행동으로 옮겨져 대형 사고가 날 수 있다.

극단적인 경우, 두뇌 회전이 너무 빠르면 주의산만과 일탈의 쓰나미에 휩쓸려 갈팡질팡하다가, 지리멸렬incoherence, 주마등 현상

◆ 피스톤식 내연기관에서, 대기에서 공기를 직접 흡입하지 않고 미리 압축한 공기를 흡입하는 방법. (옮긴이)

phantasmagoria, 꿈에 가까운 섬망delirium◆에 빠지게 된다. 셰인과 같은 심각한 투렛증후군 환자들은 타인의 느려터진 동작·생각·반응을 견디지 못하며, 우리 같은 정상인들은 그런 사람들의 전광석화 같은 움직임에 당황하게 일쑤다. 제임스는 어느 책에선가 이렇게 말했다. "우리는 그들을 원숭이로 보고, 그들은 우리를 파충류로 본다."

◆

제임스는《심리학의 원리》의 〈의지will〉라는 유명한 장에서 병적(또는 비뚤어진) 의지를 두 가지로 나눴는데, 하나는 '폭발적인 의지'이고 다른 하나는 '차단된 의지'이다. 그는 본래 심리적 기질을 설명하기 위해 이 용어들을 사용했지만, 이 용어들은 심리적 장애(예를 들어 파킨슨증, 투렛증후군, 긴장증catatonia)에도 적용될 수 있다(그러나 제임스가 '폭발적 의지'와 '차단된 의지' 간의 연관성을 전혀 탐구하지 않은 건 참 이상하다. 소위 양극성장애 환자들이 몇 주 또는 몇 달 간격으로 양극단을 오가는 것을 분명히 봤을 텐데 말이다).

파킨슨병을 앓는 내 친구 중 한 명은 '느려진 상태'를 '땅콩버터 통 속에 갇혀 있는 것'으로, '빨라진 상태'를 '가파른 언덕에서 미끄러져 내려오는 반질반질한 얼음 위에 올라서 있는 것', 또는 '중력이

◆ 섬망은 혼돈confusion과 비슷하지만 심한 과다행동(예를 들어 안절부절못하고, 잠을 안 자고, 소리를 지르고, 주사기를 빼내는 행위)과 생생한 환각, 초조함과 떨림 등이 자주 나타나는 것을 말한다. 하지만 일부에서는 과소활동(활동이 정상 이하로 저하되어 있는 것)으로 나타나기도 한다. 보통 중독질환, 대사성 질환, 전신감염, 신경계감염, 뇌외상, 뇌졸중, 전신마취, 대수술 등에서 나타난다. (옮긴이)

없는 작은 행성 위에 서 있는 것'으로 비유한다.

'뭔가에 꼭 틀어박혀 움직일 수 없는 상태'는 '빠르고 폭발적인 상태'의 반대쪽 끝에 있는 것 같지만, 환자들은 거의 즉각적으로 한 쪽에서 다른 쪽으로 이동할 수 있다. 역설운동kinesia paradoxa은 프랑스의 신경학자들이 1920년대에 도입한 개념으로, 이 (드물지만) 괄목할 만한 전이현상을 잘 설명한다. 뇌염후파킨슨증 환자들은 몇 년 동안 거의 움직이지 못하다가, 어느 날 갑자기 해방되어 거대한 에너지와 힘을 발휘하며 움직인다. 그러나 몇 분 후에는 원래의 무동작 상태 motionless state로 복귀한다. Y. 헤스터는 L-도파를 복용할 때 그 같은 전이현상이 최고조에 달하여, 하루에 수십 번씩이나 급반전을 경험 했다.

극도로 심각한 투렛증후군 환자들 중에서도 상당수가 비슷한 반전을 경험한다. 그들은 특정 약물을 미량만 복용해도 거의 인사불성이 되어 행동을 멈추지만, 설사 약물을 복용하지 않더라도 무동작이나 거의 최면에 걸린 듯한 집중hypnotic concentration 상태가 나타나는 경향이 있다. 이러한 상태는 '과다행동 및 주의산만 상태'의 정반대라고 할 수 있다.

긴장증의 경우에도 '움직이지 않는 인사불성 상태'에서 '걷잡을 수 없이 활동적이고 광분한 상태'로의 극적이고 즉각적인 전이현상이 벌어질 수 있다.* 긴장증은 오늘날처럼 평온한 시대에는 드문 병이지만, 그와 관련된 공포감과 당혹감은 갑작스럽고 예측 불가능한 반전 때문임이 분명하다.

긴장증, 파킨슨증, 투렛증후군은 조울증manic depression 또는 양극성장애로 간주될 수 있다. 19세기의 프랑스 용어로 말하면, 이 질병들은 모두 이중형태장애disorders à double forme, 즉 두 얼굴을 가진 장애 Janus-faced disorder라고 할 수 있다. 자신의 의지와 무관하게 하나의 형태에서 다른 형태로 수시로 변할 수 있기 때문이다. 중성상태neutral state, 무극성상태unpolarized state, 정상상태의 가능성이 매우 낮으므로, 양극단 사이에 좁고 잘록한 지협isthmus이 있는 덤벨이나 모래시계를 떠올리게 한다.

신경학에서 흔히 사용하는 용어 중에 결핍deficit이라는 말이 있다. 결핍이란 뇌의 병터lesion(특정 부분의 손상) 때문에 특정한 생리 및 심리 기능을 상실하는 것을 말한다. 대뇌피질에 생긴 병터는 색각 color vision 결핍이나 문자/숫자 인식능력 결핍과 같은 단순 결핍을 초래하는 경향이 있다. 그와 대조적으로, 피질 하부의 조절계(운동, 속도와 템포, 감정, 식욕, 의식 수준 등을 제어하는 부분)에 생긴 병터는 제어 능력과 안정성 결핍을 초래한다. 이런 환자들은 광범위한 탄력성 resilience의 기반이 되는 중간 지대를 상실하므로, 마치 꼭두각시처럼 양극단을 오가는 절망적인 상태에 빠진다.

◆ 위대한 정신과학자 유진 블로일러Eugen Bleuler는 1911년에 긴장증을 다음과 같이 기술했다. "때때로 긴장성흥분catatonic excitement이 나타나 평화와 고요를 파괴한다. 환자는 갑자기 벌떡 일어나 뭔가를 때려 부수고, 엄청난 힘과 재주로 누군가를 제압한다. 환자는 경직된 상태에서 스스로 벗어나, 잠옷을 입은 채로 세 시간 동안 거리를 헤매다 결국 넘어져 시궁창에 경직된 상태로 누워 있다. 그는 엄청난 괴력을 발휘하며, 거의 대부분 불필요한 근육들을 사용한다. 자신의 운동을 제어할 수단과 능력을 상실한 것 같다."

♦

도리스 레싱Doris Lessing은 내가 돌보는 뇌염후파킨슨증 환자의 상태를 이렇게 기술한 적이 있다. "그들은 우리가 칼날 위에서 아슬 아슬하게 살고 있음을 깨닫게 한다." 그러나 외견상으로 볼 때, 정상 인들은 좁고 날카로운 칼날 위에서 살지 않으며, 폭넓고 안정적인 안장saddleback 위에서 산다. 생리학적으로 볼 때, 정상인의 신경은 뇌 의 흥분계excitatory system와 억제계inhibitory system 간의 균형을 유지하며, 이 균형은 약물이나 손상이 없는 상태에서 놀랄 만한 자유와 탄력성 을 보여준다.

우리 인간들은 비교적 일정한 속도로 운동하지만, 어떤 사람들 은 약간 빠르고 어떤 사람들은 약간 느리다. 한 사람을 놓고 보더라 도, 하루 중 시간에 따라 에너지와 몰입도가 다를 수 있다. 또한 젊었 을 때는 활기차고 약간 빨리 운동하고 빠릿빠릿하게 생활하지만, 나 이가 듦에 따라 운동속도와 반응시간이 조금씩 느려진다. 그러나 적 어도 (통상적인 상황에 처한) 일반인들의 경우, 이러한 속도들은 매우 제한적이다. 노인과 청년 사이, 세계 최고 수준의 운동선수와 생활 스포츠인들 사이에 반응시간은 큰 차이가 없다. 기본적인 정신 작용 의 경우도 마찬가지여서, 연산, 인지, 시각연합visual association 등의 최 고 속도는 별 차이가 없다. 체스 달인의 눈부신 성적, 암산왕의 번갯 불 같은 계산, 명연주자의 연주, 기타 거장들의 솜씨는 그들이 보유 하고 있는 광범위한 지식, 암기한 패턴과 전략, 엄청나게 정교한 기 술 때문이지 기본적인 신경 속도 때문은 아니다.

그러나 간혹 초인적인 사고 속도에 도달한 듯 보이는 사람들이 있다. 로버트 오펜하이머Robert Oppenheimer는 그런 사람으로 유명하다. 젊은 물리학자들이 자신들의 생각을 설명하러 왔을 때, 그는 수 초 만에 그 요지와 시사점을 파악했다고 한다. 그리하여 그들이 입을 열자마자 말을 가로막고 자신의 의견을 제시함으로써 사고의 폭을 확장시켰다고 한다. 이사야 벌린Isaiah Berlin이 폭포수 같은 속도로 즉흥 연설을 할 때, 거의 모든 사람들은 이미지와 아이디어가 차곡차곡 쌓여 엄청난 정신구조가 형성되는 것을 경험하고, 놀라운 정신 현상을 현장에서 목격하는 듯한 느낌이 들었다고 한다. 천재 희극배우 로빈 윌리엄스Robin Williams도 그렇다. 그의 폭발적이고 강렬한 상상력과 위트는 날개를 펼치는 즉시 로켓 같은 속도로 하늘을 향해 솟구쳐 올랐다. 이 같은 초인적인 사고 속도는 단일 신경세포나 단순한 신경회로가 아니라, 슈퍼컴퓨터의 복잡성을 능가하는 고차원적 신경망에 기인하는 것으로 생각된다.

그럼에도 불구하고, 일반인들의 수준에서는 제아무리 빨라봤자 도토리 키 재기라고 할 수 있다. 그들의 사고 속도는 기본적 신경 요인, 제한적 발화 속도를 가진 세포, 상이한 세포와 세포군 간의 제한적인 신호전달 속도 등에 의해 제한될 수밖에 없다. 그러므로 어떻게든 해서 10~50배로 가속할 수만 있다면, 주변 사람들을 가볍게 따돌리고 웰스 소설의 주인공과 같은 군계일학의 위치에 오르게 될 것이다.

그러나 오늘날에는 세상이 달라졌다. 우리는 다양한 종류의 도구를 이용하여 신체 및 감각의 한계를 극복할 수 있다. 17세기에 네

델란드의 안톤 판 레이우엔훅Anton van Leeuwenhoek이 공간의 자물쇠를 열었던 것처럼, 우리는 시간의 자물쇠를 열었다. 그리하여 이제는 엄청난 힘을 가진 시간현미경과 시간망원경을 수족처럼 부리고 있는데, 우리는 이것들을 이용하여 1,000조(10^{15})배의 가속 및 감속을 할 수 있고, 레이저 스토로보스코피stroboscopy♦를 이용하여 펨토초(10^{-15}초) 동안 이루어지는 화학결합의 형성 및 분해 과정을 관찰할 수 있다. 또는 컴퓨터 시뮬레이션을 통해 빅뱅으로부터 현재에 이르기까지 130억 년의 역사를 몇 분으로 압축하여 관찰할 수 있으며, 그 이상의 시간 압축을 통해 시간이 끝나는 날까지 투사된 미래를 관찰한 수도 있다. 우리는 이 같은 도구들을 이용하여 지각 능력을 향상시키고, 생체과정living process이 따라잡을 수 없을 만큼 무한히 가속시키거나 감속시킬 수도 있다. 이처럼, 우리는 자신의 속도와 시간에 얽매여 있음에도 불구하고, 상상력을 통해 모든 속도와 시간을 넘볼 수 있게 되었다.

♦　주기적으로 깜박이는 빛을 쬠으로써, 급속히 회전(또는 진동)하는 물체를 정지했을 때와 같은 상태로 관측하는 방법. (옮긴이)

지각력—식물과 하등동물의 정신세계

찰스 다윈이 1881년 마지막으로 발간한 책은 '비천한 벌레'에
관한 연구 결과를 집대성한 것이었다. 《지렁이의 활동을 통한 분변토
형성The Formation of Vegetable Mould, Through the Action of Worms》이라는 제목
에서 알 수 있는 바와 같이, 그 책의 주제는 '지렁이의 무한한 힘'이
었다. 요컨대 지난 수백만 년 동안 무수히 많은 지렁이들이 토양을
가꾸어 '지구의 얼굴'을 바꿔놓았다는 것이다.

다윈은 지렁이의 효과를 다음과 같이 계산했다.

지렁이가 암석의 입자들을 분쇄하여 가루로 만드는 힘을 감안할 때,
우리는 1에이커(약 4,046㎡)의 땅에서 매년 10톤의 흙이 그들의 몸을
통과하여 지표로 이동한다는 사실을 잊어서는 안 된다. 지렁이가 서
식하려면, 땅은 충분히 촉촉하고, 모래나 자갈이나 암석이 너무 많지
않아야 한다. 영국만 한 크기의 나라에서, 지질학적 측면에서 볼 때 별

로 길지 않은 기간(예컨대 100만 년) 동안 지렁이가 수행한 역할을 결코 만만하게 볼 수 없다.

그러나 처음 몇 장章들은 단지 지렁이의 습성을 설명하는 데 할애되고 있다. 지렁이는 빛과 어둠을 구분할 수 있으며, 낮에는 포식자들을 피해 일반적으로 땅속에 머문다. 그들은 귀가 없어 공기의 진동에 둔감한 대신 땅을 통해 전달되는 진동(예컨대 접근해오는 동물의 발자국 소리)에는 극도로 민감하다. 땅의 진동은 지렁이의 머리에 있는 신경세포 집합으로 전달되는데, 다윈은 이 신경들을 (뇌의 전신이라 할 수 있는) 뇌신경절cerebral ganglia이라고 불렀다.

다윈은 다음과 같이 적었다. "지렁이에게 갑자기 빛을 비추면, 토끼처럼 잽싸게 땅굴 속으로 돌진한다. 나는 처음에는 그걸 반사작용으로 간주했다. 그러나 다시 한번 유심히 들여다보니, 그 행동은 가변적이었다. 예컨대 지렁이가 다른 일에 열중하고 있을 때는 갑자기 빛에 노출되어도 도망치지 않는 것이었다."

다윈이 생각하기에, 반응을 조절하는 능력이 있다는 것은 일종의 '정신'이 존재함을 의미했다. 또한 다윈은 지렁이가 물체를 이용해 땅굴을 막는 것을 보고 정신적 자질mental quality을 거론했다. "만약 어떤 물체를 땅굴의 입구 근처로 운반하는 방법과 구멍에 잘 집어넣는 방법을 판단할 수 있다면, 그들은 물체의 일반적 형태에 대해 나름의 개념을 터득했음에 틀림없다." 그리하여 다윈은 다음과 같이 주장하기에 이르렀다. "지렁이는 지적 존재라고 불릴 만한 자격이 있다. 왜냐하면 비슷한 상황에 처한 인간과 거의 동일한 방식으로 행동하기 때문이다."

나는 소년 시절 정원에서 지렁이들을 만지작거리며 놀았으며, 나중에는 그들을 연구 프로젝트용으로 사용하기도 했다. 그러나 내가 진정으로 좋아했던 것은 해변 주변의 조수 웅덩이tidal pool에 사는 해양동물이었다. 왜냐하면 우리 가족은 여름휴가를 거의 항상 해변에서 보냈기 때문이다. 나는 어릴 때부터 단순한 해양동물의 아름다움에 매력을 느꼈고, 학교에서도 생물 선생님의 영향을 받아 과학소년이 되었다. 우리 가족은 매년 생물 선생님을 모시고 스코틀랜드 남서부의 밀포트 해양생물기지를 방문하여, 그레이트컴브리섬 해안에 서식하는 다양한 무척추동물들을 탐사했다. 나는 밀포트에서의 경험으로부터 큰 감명을 받아, 나중에 커서 해양생물학자가 되리라 마음먹었다.

다윈의 지렁이에 관한 책 말고도 내가 좋아하는 책은, 조지 존 로마네스George John Romanes가 1885년에 쓴 《해파리, 불가사리, 성게: 원시신경계 연구Jelly-Fish, Star-Fish, and Sea-Urchins: Being a Research on Primitive Nervous Systems》였다. 이 책에는 간단하고 매혹적인 실험과 아름다운 삽화가 수록되어 있었다. 로마네스는 다윈의 젊은 친구이자 학생으로서, 해변의 풍경과 동물상에 관심을 가지고 평생 동안 그 연구에 열정을 보였다. 그의 목표는 무엇보다도 해파리, 불가사리, 성게의 '마음'이 행동으로 드러난 사례를 수집하여 연구하는 것이었다.

나는 로마네스의 개인적 스타일이 마음에 쏙 들었다. 그는 책에 이렇게 적었다. "나는 해변에 설치된 연구실에서 무척추동물의 정신과 신경계를 행복한 마음으로 연구한다. 내 연구실은 부드러운 바닷

바람에 그대로 노출된 작고 아담한 오두막집이다." 그가 평생 동안 추구했던 과제는 '무척추동물의 신경계와 행동을 연결 짓는 것'이었으며, 그는 자신의 연구를 비교해부학에 빗대어 비교심리학이라고 불렀다.

루이 아가시Louis Agassiz는 일찍이 1850년 보우가인빌리아 Bougainvillia superciliaris라는 해파리가 실질적인 신경계를 갖고 있음을 증명했고, 로마네스는 1883년 그 해파리에서 약 1,000개의 신경세포를 발견했다. 로마네스는 간단한 실험(특정 신경 절단, 갓bell 절개, 조직의 절편 관찰)을 통해 해파리가 (신경망에 의존하는) 자율적·국지적 메커니즘과 (갓의 주변부에 분포하는 원형 뇌에 의존하는) 중앙 통제 메커니즘을 모두 보유하고 있음을 확인했다.

로마네스는 1884년에 발간한《동물의 정신 진화Mental Evolution in Animal》라는 책에 개별 신경세포(뉴런)와 신경세포 집합(신경절)의 삽화를 수록하고 다음과 같이 설명했다.

동물계 전체를 통틀어 볼 때, 신경조직은 히드로충류Hydrozoa 이상의 모든 종種에 존재한다. 내가 지금까지 신경조직을 탐지한 것 중 가장 하등동물은 해파리였고, 그 위로는 모두 신경조직을 갖고 있었다. 신경조직의 기본 구조는 어느 종이나 매우 비슷하므로, 해파리가 됐든 굴이 됐든 곤충이 됐든 새가 됐든 사람이 됐든 신경조직의 기본 단위를 인식하는 데 아무런 어려움이 없다.

로마네스가 해변의 연구실에서 해파리와 불가사리를 해부하고 있을 때, 이미 열렬한 다윈주의자였던 청년 지크문트 프로이트 Sigmund Freud는 생리학자 에른스트 브뤼케Ernst Brücke의 빈Wien 연구실에서 일하고 있었다. 그의 특별한 관심사는 척추동물과 무척추동물의 신경세포를 비교하는 것이었는데, 특히 가장 원시적 척추동물인 칠성장어와 무척추동물인 가재의 뉴런을 비교했다. 당시에는 무척추동물 신경계의 구성요소가 척추동물의 것과 근본적으로 다르다는 통념이 지배하고 있었지만, 그는 꼼꼼하고 아름다운 삽화를 곁들여 '가재의 신경세포는 칠성장어(또는 인간)의 신경세포와 기본적으로 비슷하다'는 사실을 증명했다.

또한 프로이트는 그 이전까지 아무도 몰랐던 사실을 알아냈으니, 그것은 신경세포체와 그 돌기(수상돌기dendrite, 축삭axon)가 신경계의 기본 구성요소인 동시에 신호전달 단위라는 것이었다. 에릭 캔들 Eric Kandel은 자신의 저서《기억을 찾아서In Search of Memory》에서, "만약 프로이트가 의학계로 진출하지 않고 기초연구 분야에 머물러 있었다면, 오늘날 정신분석학의 아버지가 아니라 뉴런원리neuron doctrine의 공동 창시자로 명성을 날렸을 것"이라고 추측했다.

뉴런들은 형태와 크기가 다를 수 있지만, 가장 원시적인 동물에서부터 가장 진보된 동물에 이르기까지 본질적으로 같다. 다른 게 있다면 개수와 구조로, 우리는 1,000억 개의 신경세포를 갖고 있는데 반해 해파리는 1,000개를 갖고 있다. 그러나 '신속하고 반복적인 발화firing를 할 수 있는 세포'라는 점에서, 우리와 해파리의 뉴런은 본질적으로 동일한 지위를 갖고 있다.

시냅스synapse는 신경 간의 연결부junction를 말하며, 신경자극

을 조절하고 생물의 유연성과 광범위한 행동에 관여한다. 시냅스의
핵심 역할을 밝힌 사람은 19세기 말 스페인의 위대한 해부학자 산
티아고 라몬 이 카할Santiago Ramón y Cajal과 영국의 찰스 셰링턴Charles
Sherrington이었다. 카할은 많은 척추동물과 무척추동물의 신경계를
관찰했으며, 셰링턴은 시냅스라는 용어를 만들고 그것이 흥분 또는
억제 기능을 수행할 수 있음을 증명했다.

그러나 아가시와 로마네스의 노력에도 불구하고, 1880년대에
는 아직도 '해파리는 수동적으로 떠다니는 촉수 덩어리에 불과하며,
자신의 앞길을 가로막는 것을 찌르고 삼켜버릴 뿐이므로 바다에 떠
있는 끈끈이주걱이나 다름없다'는 인식이 지배적이었다.

그러나 해파리는 결코 수동적이라고 할 수 없다. 그들은 리드미
컬하게 진동하고 갓의 모든 부분을 동시에 움츠리므로, 매번 진동을
일으키는 중앙 페이스메이커 시스템을 필요로 한다. 해파리는 상하
좌우로 움직일 수 있고, 또한 상당수가 물고기 사냥을 한다. 물고기
를 잡을 때는 1분 동안 몸을 뒤집고 촉수를 그물처럼 펼쳤다가 몸을
다시 뒤집는데, 이게 가능한 것은 중력을 감지하는 여덟 개의 균형
기관 덕분이다(만약 균형기관을 제거한다면 해파리는 방향감각을 상실하므
로, 물속에서 더 이상 자세를 제어할 수 없게 된다). 만약 물고기에게 물리
는 등의 위협에 직면하면 해파리는 도피 전략을 선택하여, 갓을 신
속하고 강력하게 여러 차례 흔들며 위험 지역에서 쏜살같이 벗어난
다. 그럴 때는 특별하고 거대한(그러므로 신속하게 반응하는) 뉴런들이
활성화된다.

잠수부들 사이에서 가장 흥미를 끄는 동시에 악명을 날리는 것

은 상자해파리Cubomedusae다. 그들은 가장 원시적인 동물 중 하나이 지만, 인간의 눈과 별반 다르지 않은 '완전히 발달한 눈(이미지를 형성 하는 눈)'을 보유하고 있다. 생물학자 팀 플래너리Tim Flannery는 상자해 파리를 다음과 같이 소개했다.

그들은 활발한 사냥꾼으로서 중간 크기의 물고기와 갑각류를 사냥하 며, 분당 6.5미터의 속도로 움직일 수 있다. 매우 정교한 눈을 가진 유 일한 해파리로, 망막, 각막, 렌즈를 구비하고 있다. 또한 뇌도 갖고 있 어서, 학습과 기억은 물론 복잡한 행동도 할 수 있다.

인간을 비롯한 고등동물들은 좌우대칭이고, 뇌를 포함하는 전 단부前端部(즉, 머리)를 갖고 있으며, 전진운동을 선호한다. 해파리의 신경계는 방사상 대칭이어서 포유류의 뇌보다 덜 정교해 보이지만, 뇌로 간주될 만한 요소들을 모두 갖추고 있다. 왜냐하면 복잡한 적 응행동을 할 수 있으며, 여느 동물들과 마찬가지로 감각 및 운동 메 커니즘을 조정할 수 있기 때문이다. 그렇다면 다윈이 지렁이의 '정 신'을 언급했던 것처럼, 해파리에게도 정신이 있다고 말할 수 있을 까? 그것은 '정신을 어떻게 정의할 것인가'에 달려 있다.

◆

우리는 식물과 동물을 구분한다. 식물은 일반적으로 움직일 수 없고, 땅에 뿌리를 내리고 토양 속의 양분을 흡수하며, 하늘을 향해 녹색 잎을 펼쳐 태양에너지를 포획한다. 그와 대조적으로, 동물은 움직일 수 있고, 이곳저곳으로 이동하며 식량을 채취하거나 사냥을 하며, 다양한 종류의 행동을 한다. 식물과 동물은 근본적으로 다른 두 가지 경로를 따라 진화해왔으며(균류fungus는 식물도 동물도 아닌 제3의 경로를 따라 진화했다), 형태와 생활방식도 완전히 다르다.

그러나 다윈의 생각은 달랐다. 그는 식물과 동물의 거리가 우리가 생각하는 것보다 가깝다고 주장했다. 식충식물이 동물처럼 전류를 이용하여 움직이고, '동물의 전기'와 마찬가지로 '식물의 전기'도 있다는 사실을 증명함으로써, 식물과 동물의 유사성을 확신했다. 그러나 식물의 전기는 초당 1인치의 속도로 천천히 흐르는데, 이는 우리가 미모사Mimosa pudica의 잎을 건드릴 때 작은 잎을 하나씩 오므리는 것을 보면 알 수 있다. 그에 반해 동물의 전기는 신경을 통해 전도傳導되며, 식물보다 약 1,000배 빠르게 흐른다.◆

세포 간의 신호전달은 전기화학 변화electrochemical change에 의존하는데, 전기화학 변화란 대전帶電된 원자가 특별하고 고도로 선택적인 채널(분자 구멍)을 통해 세포 안팎으로 흐르는 것을 말한다. 이러한 이온의 흐름은 전류와 자극(활동전위action potential)을 생성하고, 식물과 동물은 모두 활동전위를 하나의 세포에서 다른 세포로 직간접적으로 전달한다.

◆　1852년 헤르만 폰 헬름홀츠Hermann von Helmholtz는 신경의 전도속도가 초당 80피트(약 25미터)임을 측정했다. 만약 식물의 운동을 저속촬영하여 1,000배 빠르게 재생한다면, 식물의 행동은 동물과 비슷하게 보이기 시작할 것이며, 심지어 의도적으로 움직이는 것처럼 보일 수도 있다.

식물은 대체로 칼슘이온 채널에 의존하는데, 이것은 그들의 비교적 느린 생활방식에 완벽하게 들어맞는다. 대니얼 채모비츠Daniel Chamovitz가 《식물이 아는 것What a Plant Knows》에서 주장한 것처럼, 식물들은 우리가 시각, 청각, 촉각이라고 부르는 것들을 모두 보유하고 있다. 식물은 뭘 해야 할지 알고 기억한다. 그러나 뉴런이 없는 식물은 동물과 같은 방식으로 학습하지 않고, 다윈이 말한 장치device와 광범위한 화학물질 세트에 의존한다. 이런 것들에 대한 청사진은 식물의 유전체genome에 코딩되어 있으므로, 식물의 유전체는 종종 인간의 유전체보다 크다.

식물이 의존하는 칼슘이온 채널은 세포 간의 신속하고 반복적인 신호전달을 지원하지 않는다. 따라서 일단 활동전위가 생성되면, 민첩한 동물(예를 들어, 땅굴 속으로 돌진하는 지렁이)처럼 빠르게 반복될 수 없다. 동물과 같은 속도를 내려면 밀리세컨드 단위의 속도로 움직이고 개폐되는 이온과 이온채널이 필요하며, 이로써 1초에 수백 개의 활동전위를 생성할 수 있다. 여기에 필요한 마법의 이온은 칼슘이 아니라 나트륨과 칼륨이온으로, 시냅스에서 신속하게 반응하는 근육 및 신경세포의 발달과 신경조절neuromodulation을 가능케 한다. 이것은 학습, 경험, 판단, 행동을 하는 생물을 탄생시켰고, 마침내 생각을 하는 생물, 즉 동물이 등장하게 되었다.

동물이 지구상에 처음 등장한 것은 지금으로부터 약 6억 년 전인데, 그들은 커다란 이점을 누리며 생물 집단들을 신속하게 바꿔놓았다. 이것을 약 5억 4,200만 년 전에 일어난 캄브리아기 폭발Cambrian explosion이라고 부르는데, 100만 년 남짓한 기간 동안 상이한 체제

body plan를 가진 문phylum✦ 10여 가지가 새로 생겨났다(100만 년이라면 지질학적으로는 눈 깜짝할 동안이다). 한때 평화로웠던 선캄브리아기의 바다는 사냥꾼과 사냥감이 우글거리는, 활발하고 생동감 넘치는 정글로 변했다. 그런 와중에서 일부 동물들(예를 들어, 해면)은 신경세포를 상실하고 식물 생활로 회귀했으며, 다른 동물들, 특히 포식자들은 정교한 감각기관, 기억, 정신을 점점 더 진화시켜갔다.

다윈, 로마네스, 기타 동시대의 생물학자들이 해파리와 같은 원시동물, 심지어 원생동물에서 정신mind, 정신과정mental process, 지능intelligence, 심지어 의식을 탐구했던 것을 생각하면 참으로 흥미롭다. 그로부터 몇십 년 후 급진적인 행동주의behaviorism✦✦가 과학계를 지배하며, 객관적으로 증명할 수 없는 개념들, 특히 자극과 반응 사이의 내적 과정inner process을 "부적절하거나 적어도 과학 연구의 범위를 벗어나는 것"으로 여기며 배척하는 분위기가 팽배해졌다.

그러한 제한과 압박은 (조건화conditioning가 있거나 없는) 자극과 반응에 대한 객관적 연구를 촉진했고, 민감화sensitization와 습관화habituation로 유명한 파블로프의 개 연구가 발표되면서 다윈이 일찍이 지렁이에서 관찰했던 내용이 공식화되었다.✦✦✦

콘라드 로렌츠Konard Lorenz가《동물행동학의 기초》에서 언급한 것처럼, 검은 새에게 방금 잡아먹힐 뻔했던 지렁이는 비슷한 자극에

✦　강綱의 위이고 계界의 아래인 생물 분류 단위. (옮긴이)
✦✦　심리학의 대상을 의식에 두지 않고, 사람 및 동물의 객관적 행동에 두는 입장으로, 내적 과정을 배척하고 오로지 자극과 반응의 관계, 그리고 그 관계로 구성되는 체계만을 다룬다. (옮긴이)

대한 반응역치[*]가 상당히 낮아진다. 그도 그럴 것이, 지렁이는 몇 초 만에 새가 공격해올 거라고 확신하게 될 것이기 때문이다. 이러한 반응역치의 저하, 즉 민감화는 설사 비연합적nonassociative이고 지속 기간이 비교적 짧더라도 학습의 기본적인 형태라고 할 수 있다. 이와 마찬가지로, 무의미한 자극이 반복될 경우에는 반응의 감소, 즉 습관화가 일어나 자극을 무시하게 된다.

　다윈이 세상을 떠난 후 몇 년이 채 지나지 않아, 원생동물과 같은 단세포생물일지라도 광범위한 적응반응adaptive response을 보일 수 있는 것으로 밝혀졌다. 특히 허버트 스펜서 제닝스Herbert Spencer Jennings는 이렇게 보고했다. "미세한 자루가 달린 트럼펫 형태의 단세포생물인 나팔벌레Stentor를 건드리면, 최소한 다섯 가지 기본 반응을 보인 후 그런 반응들이 효과가 없을 경우 자리를 떠나 새로운 장소로 이동한다. 그러나 그 나팔벌레를 다시 한번 건드리면, 중간 단계를 생략하고 곧바로 자리를 떠나 다른 장소로 이동한다." 이는 나팔벌레가 유해자극에 민감화된다는 것을 의미한다. 좀 더 익숙한 용어를 사용하면, 나팔벌레는 (비록 몇 시간일지언정) 불쾌한 경험을 기

◆◆◆　파블로프는 유명한 조건반사 실험에서 개를 이용했고, 조건화 자극으로는 보통 종소리를 이용하여 개로 하여금 종소리를 들으면 먹이를 연상하도록 학습시켰다. 그러나 1924년 어느 날 실험실에 홍수가 나는 바람에 개들이 하마터면 모두 익사할 뻔한 사건이 발생했다. 그 사건이 있은 후로, 많은 개들은 평생 동안 물만 보면 민감한 반응을 보이거나 심지어 공포감을 느끼게 되었다. 외상후스트레스장애PTSD의 이면에 극단적이거나 오래 지속되는 민감화가 도사리고 있는 것은 개나 인간이나 마찬가지였던 것이다.
◆　　문턱값threshold이라고 한다. 생물이 자극에 대해 어떤 반응을 일으키는 데 필요한 최소한의 자극의 세기. (옮긴이)

억하며, 그로부터 뭔가를 학습한다는 것이다. 그와 반대로, 나팔벌레는 일련의 무해자극에 노출될 경우, 곧 그 자극에 습관화되어 반응을 중단하게 된다.

제닝스는 1906년 발간한 《하등생물의 행동Behavior of the Lower Organisms》에서 짚신벌레나 나팔벌레와 같은 생물들의 민감화와 습관화를 기술했다. 비록 원생동물의 행동을 기술하는 데 있어서 주관적이고 유심론적인 용어를 회피하려고 조심했지만, 그는 책의 말미에 〈관찰 가능한 행동과 정신의 관계〉라는 놀라운 제목의 장을 포함시켰다.

그는 원생동물의 몸집이 너무 작다는 이유로 정신적 속성을 부여하기를 꺼리는 인간들의 태도를 질타했다.

필자는 원생동물의 행동을 오랫동안 연구한 후, 다음과 같은 확신을 갖게 되었다. 만약 아메바가 커다란 동물이어서 일상적 경험에서 마주칠 수 있다면, 우리는 그들의 행동을 쾌락과 고통, 굶주림, 욕망 등의 상태와 즉시 연결 지을 것이다. 우리가 개犬에게 그러는 것과 똑같은 기준에 따라서 말이다.

제닝스가 상상한 '매우 민감하고 개만 한 아메바'는 데카르트가 주장했던 '느낌 없는 개'라는 개념을 희화화했다. 데카르트는 "개를 산 채로 해부해도 아무런 거리낌이 없으며, 개의 울음소리는 순전히 준準기계적인 반사반응일 뿐"이라고 여겼었다.

민감화와 습관화는 모든 생물의 생존에 필수적이다. 원생동물과 식물의 경우 이 기본적인 학습형태는 고작해야 몇 분 동안 지속되기 때문에, 그보다 장기적으로 지속되는 학습 형태는 신경계를 필요로 한다.

행동에 관한 연구가 번창하는 동안 행동의 세포적 기초, 즉 신경세포와 시냅스의 정확한 역할에 관심을 기울이는 사람들은 거의 없었다. 포유류, 예컨대 시궁쥐의 해마나 기억중추를 연구하는 것은 기술적으로 매우 어려웠는데, 그 이유는 뉴런의 크기가 너무 작고 밀도가 극단적으로 높았기 때문이다. 설상가상으로, 설사 단일세포의 전기활성을 기록할 수 있다 하더라도 그것을 오랜 실험 기간 동안 산 채로 유지하며 완전한 기능을 수행하도록 하기가 어려웠다.

20세기 초 이 같은 어려움에 직면했던 해부학자 라몬 이 카할은 좀 더 단순한 신경계에 눈길을 돌렸다. 그리하여 그는 어리거나 갓난 동물과 무척추동물(곤충, 갑각류, 두족류 등)의 신경계를 집중적으로 연구하여, 역사상 최초인 동시에 가장 위대한 신경계 미세해부학자가 되었다. 이와 비슷한 이유로, 1960년대에 기억과 학습의 세포적 기초를 연구하기 시작한 에릭 캔들은 좀 더 단순하고 접근 가능한 신경계를 가진 동물을 물색하던 끝에 거대한 바다달팽이인 군소Aplysia를 찾아냈다. 군소는 약 2만 개의 뉴런을 갖고 있고, 그 뉴런들은 약 2,000개의 뉴런으로 이루어진 10개의 신경절에 분포되어 있다. 군소의 뉴런은 크기가 특히 커서 육안으로 관찰할 수 있는 것도 있으며, 고정된 해부학적 회로에서 서로 연결되어 있다.

군소는 너무 하등동물이어서 기억을 연구하는 데 부적절한 것 같았지만, 캔들은 일부 동료들의 의구심과 편잔에도 불구하고 순순히 물러나지 않았다. 다윈이 지렁이의 정신적 자질을 언급했을 때 받았던 수모에 비하면, 그 정도는 아무것도 아니었다. 캔들은 군소를 연구하기로 결정했던 때를 회고하며 이렇게 말했다. "의학박사 출신의 나는 생물학자처럼 생각하기 시작했다. 모든 동물들은 나름의 정신생활을 하며, 그들의 정신생활은 제각기 자신의 신경계 구조를 반영한다고 말이다."

다윈이 지렁이의 도피반사와 '다양한 환경에서 도피반사를 촉진하거나 억제하는 방법'을 연구했던 것처럼, 캔들은 군소의 보호반사(노출된 아가미를 안전한 곳으로 철수하는 반응)와 '보호반사를 조절하는 방법'을 연구했다. 이러한 반사반응을 관장하는 복부신경절의 신경세포와 시냅스를 기록하고 때로는 자극함으로써, (습관화와 민감화에 관여하는) 비교적 짧은 기억과 학습이 시냅스의 기능 변화Funtional change에 의존한다는 사실을 증명할 수 있었다. 그러나 수개월 동안 지속될 수 있는 장기기억은 시냅스의 구조 변화structural change에 의존하며, 단기기억이든 장기기억이든 실질적인 회로를 바꾸지는 않는 것으로 밝혀졌다.

1970년대에 들어와 새로운 기술과 개념이 등장하면서, 캔들과 동료들은 기억과 학습에 관한 전기생리학 연구를 화학 연구로 보충할 수 있었다. 또한 그들은 분자생물학을 파고들어 단기기억을 관장하는 분자가 정확히 뭔지를 알아내고 싶어 했다. 그들은 특히 시냅스 기능에 관여하는 이온채널과 신경전달물질의 연구에 몰두했는데, 이는 나중에 캔들에게 노벨상을 안겨준 기념비적 연구였다.

군소는 전신의 신경절에 분포된 2만 개의 뉴런을 갖고 있을 뿐이지만, 곤충은 매우 작은 몸집에도 불구하고 100만 개의 신경세포를 이용하여 비범한 인지능력을 발휘할 수 있다. 그리하여 꿀벌은 상이한 빛깔과 냄새를 인식할 수 있으며, 실험실에서 제시하는 각종 기하학적 형태는 물론 그 체계적 변형까지도 인식할 수 있다. 물론 그들은 정원과 들판을 누비는 최고의 전문가로, 꽃의 패턴, 향기, 색깔을 인식할 뿐 아니라 그 위치까지도 기억하여 동료들에게 전달할 수 있다.

고도의 사회적 종social species인 종이벌paper wasp의 경우, 개체들은 다른 벌의 얼굴을 학습하고 인식할 수 있는 것으로 알려져 있다. 안면학습은 지금껏 포유류에서만 가능한 줄 알았었는데, 그렇게 특이한 인지능력이 곤충계에도 존재한다는 사실은 매력적이다.

우리는 종종 곤충을 초미니 로봇으로 간주하고, 그렇게 작은 몸뚱이 속에 모든 것이 내장되고 프로그래밍되어 있음을 신기하게 여긴다. 그러나 곤충이 매우 풍부하고 예기치 않은 방식으로 기억, 학습, 생각, 의사소통을 한다는 증거가 점점 더 많이 축적되고 있다. 그리고 그런 능력들 중에는 선천적으로 내장된 것이 많지만, 개체의 경험에 의존하는 것처럼 보이는 것도 많다.

곤충도 대단하지만, 무척추동물 중의 천재로 소문난 두족류(문어, 갑오징어, 오징어)의 경우에는 차원이 전혀 다르다. 먼저 그들의 신경계는 규모가 훨씬 커서, 문어는 5억 개의 신경세포를 뇌와 팔에 배분하고 있다(참고로, 생쥐는 겨우 7,500만~1억 개의 신경세포를 갖고 있다). 문어의 뇌는 놀라울 정도로 조직화되어 있어, 수십 개의 독특한 기능을 발휘하는 뇌엽lobe이 존재하며 포유류와 유사한 학습계와 기억계를 보유하고 있다.

훈련을 통해 테스트용 형태와 사물을 쉽게 구별하는 것은 기본
이고, 두족류 중에는 관찰을 통한 학습이 가능한 것들도 있다. 관찰을
통한 학습은 포유류와 특정한 조류에 국한되는 능력으로 알려져 있
었다. 또한 두족류는 위장 능력이 탁월하고, 피부의 색깔·패턴·질감
을 바꿈으로써 복잡한 감정과 의도를 표현할 수 있다.

다윈은《비글호 항해기》에서 조수 웅덩이 속의 문어가 자신과
어떻게 상호작용을 했는지 설명했는데, 처음에는 경계심을 품었다
가 나중에는 호기심으로 바뀌었고 심지어 장난을 치기도 했다고 한
다. 문어는 이느 징도 길이 들 수도 있어서, 사육자들은 종종 그들과
공감을 나누고 약간의 정신적·감정적 친근감을 느끼기도 한다. 우
리가 두족류에게 의식이라는 말을 사용할 수 있는지에 대해서는 여
러모로 논란이 많다. 그러나 개犬가 의미 있는 개체의식을 갖고 있다
는 점을 부인하는 사람은 아무도 없을 것이다. 그렇다면 그에 못지
않은 문어의 의식을 인정하지 못할 이유가 뭔가?

자연은 뇌를 만들기 위해 최소한 두 가지의 색다른 방법을 채택
했다. 사실 동물계에는 문phylum의 수만큼이나 많은 뇌가 존재한다.
상이한 동물들을 갈라놓는 심오한 생물학적 격차에도 불구하고, 모
든 동물들은 나름 다양한 수준의 정신을 발달시키거나 보유하고 있
다. 우리도 그런 동물들 중 하나일 뿐이다.

우리가 몰랐던 프로이트—청년 신경학자

나는 '칠성장어의 척수신경절'에 관한 논문의 저자와 의사인 나를 동
일시하기 위해 엄청난 정체성 혼란을 겪었다네. 그럼에도 불구하고
나는 모진 시련을 견뎌냈고, 그런 면에서 칠성장어에 대한 신경학적
발견을 어느 누구보다도 기뻐하고 있지.
— 지크문트 프로이트가 카를 아브라함에게 보낸 편지(1924년 9월 21일)

모든 사람들은 프로이트를 '정신분석학의 아버지'로 알고 있지
만, 그가 1876년부터 1896년까지 무려 20년 동안 주로 신경학자 겸
해부학자로 살았음을 아는 사람은 거의 없다. 프로이트 자신도 만년
에 그 사실을 좀처럼 언급하지 않았다. 그러나 그의 신경학자적 삶
은 정신분석학자적 삶의 밑거름이 되었으며, 어쩌면 핵심 열쇠였는
지도 모른다.
프로이트는 자서전에서, 어린 시절부터 괴테의 〈자연에 부치는

송가〈Ode to Nature〉를 읽었고(괴테는 식물학자이기도 했다), 다윈을 흠모하고 동경했던 탓에 의학 공부를 결심하게 되었노라고 회고했다. 대학 1학년 때는 생리학자 에른스트 브뤼케의 강의와 "생물학과 다윈주의"에 관한 강의들을 들었다. 그로부터 2년 후 말만 앞세울 게 아니라 직접 연구를 해야겠다고 다짐하며 브뤼케의 연구실에 자리를 알아봤다. 프로이트가 나중에 언급한 바에 따르면, 그는 인간의 뇌와 정신이 자신의 연구의 궁극적인 주제가 될 것임을 일찌감치 예감하고 있었다. 그러나 그는 신경계의 초기 형태와 기원에 대해 강렬한 호기심을 갖고 있었으며, 1차적으로 신경계의 진화과정에 대해 감感을 잡고 싶어 했다.

브뤼케는 프로이트에게 "가장 원시적 어류인 칠성장어의 신경계, 그중에서도 척수 근처에 포진한 라이스너 세포Reissner cell라는 신기한 세포들을 들여다보게"라고 제안했다. 브뤼케는 학생 시절부터 40여 년 동안 줄곧 라이스너 세포에 관심을 가져왔지만, 그 성질과 기능은 아직 이해되지 않고 있었다. 청년 프로이트는 칠성장어의 치어에서 라이스너 세포의 전구체前驅體를 찾아내어, 고등 어류의 후방 척수신경절세포posterior spinal ganglia cell에 상응한다는 사실을 증명했다. 이것은 매우 의미 있는 발견이었다(칠성장어의 치어는 성어와 모습이 매우 달라, 오랫동안 아모코에테스Ammocoetes라는 별도의 속genus으로 간주되었다).

다음으로, 프로이트는 무척추동물의 신경계에 눈을 돌렸는데, 그 대상은 가재였다. 그 당시에는 무척추동물의 신경계를 구성하는 세포 요소가 척추동물과 근본적으로 다르다고 간주되었지만, 프로이트는 양자兩者가 형태학적으로 동일함을 증명했다. 다시 말해서, 원시동물과 고등동물 간의 차이는 세포 요소가 아니라 그 조직화 여부(또는 정도)라는 것이었다. 그리하여 프로이트는 초기 연구에서부터 다윈의 진화론에 대한 감을 잡았다. 그 내용인즉, "가장 보수적인 수단(기본적으로 동일한 해부학적 세포 요소)을 밑바탕으로 하여, 점점 더 복잡한 신경계가 구축되어간다"는 것이었다.◆

1880년대 초 의학박사 학위를 취득한 프로이트는 임상신경학으로 진출하는 게 당연한 수순이었지만, 그동안 수행해왔던 인간의 신경계 및 해부학 연구를 계속하고 싶었다. 그래서 그는 신경해부학자이자 정신과학자인 테오도르 마이네르트Theodor Meynert의 연구실에 들어갔다.◆◆ 마이네르트에게는 그런 이중생활이 전혀 이상하지 않게 보였으며, 파울 에밀 플렉지히Paul Emil Flechsig와 같은 당시의 신경해부학자들도 같은 입장이었다. 건강한 사람이든 병든 사람이든, 인간의 정신과 뇌 사이에는 단순하고 거의 기계적인 관계가 성립한다고 간주되던 시기였기 때문이다. 그래서 1884년 발표된 마이네르트의 대표작《정신과학Psychiatry》에는 '전뇌forebrain의 질병에 관한 임

◆ 당시에는 신경계가 하나의 융합체, 즉 신경조직의 연속적인 덩어리라는 인식이 지배적이었고, 불연속적 신경세포인 뉴런의 존재가 밝혀진 것은 1880년대 후반부터 1890년대 사이에 라몬 이 카할과 하인리히 발다이어Heinrich Waldeyer가 노력한 덕분이었다. 그러나 프로이트는 초기 연구에서 이런 사실을 스스로 발견할 정도의 수준에 이르렀다.

◆◆ 프로이트는 마이네르트의 연구실에 있는 동안 수많은 신경해부학 논문들을 출판했는데, 특히 뇌간brain stem의 신경계와 연결성에 중점을 뒀다. 그는 이러한 해부학 연구들을 종종 '나의 진짜 과학 연구'라고 불렀으며, 뒤이어 뇌 해부학에 관한 일반론 교재 집필을 고려했다. 그러나 그 책은 완성되지 않았고, 빌라렛Villaret이 쓴《핸드북Handbuch》에 압축 버전이 실렸을 뿐이다.

상적 소고小考'라는 부제가 붙었다.

　그 당시 골상학phrenology♦ 자체는 '과학적 근거가 부족한 사이비 학문'이라는 악평을 받았지만, 국소주의적 자극localizationist impulse은 1861년 프랑스의 신경학자 폴 브로카Paul Broca 덕분에 새 생명을 얻었다. 그는 뇌의 좌측에 존재하는 특정 부분에 손상을 입을 경우, 표현실어증expressive aphasia이라는 매우 특이한 기능 손실이 일어난다는 것을 입증했다. 그 밖의 상관관계들도 속속 드러나, 1880년대 중반에는 표현언어, 수용언어, 색지각, 쓰기 등의 능력에 관여하는 중추들이 밝혀짐으로써 골상학의 꿈이 실현된 것처럼 보였다. 이러한 뇌 연구의 국소주의적 분위기에 젖어 있었던 마이네르트는 '청각신경이 대뇌피질의 특정 영역(음향영역Klangfeld)으로 가지를 뻗는다'는 사실을 증명한 후, "모든 감각실어증sensory aphasia♦♦ 환자들은 음향영역에 손상을 입었을 것"이라고 추론했다.

　그러나 프로이트는 이러한 국소화 이론을 언짢아했고, 깊이 파고들면 파고들수록 그의 불만은 증폭되었다. 왜냐하면 모든 국소주의적 뇌 연구가 기계적으로 흘러, 뇌와 신경계를 '재주는 많지만 멍청한 기계'로 취급한다는 느낌이 들었기 때문이다. '기본적 요소와 기능 사이에 일대일 대응관계를 상정한다는 것은 조직화나 진화나

♦　뇌의 여러 부위가 담당하는 기능이 각각 따로 있으며 특정 기능이 우수할수록 그 부위가 커지는데, 그것이 두개골의 모양에 반영되므로 두개골의 형태와 크기를 측정하여 그 사람의 성격과 기능적 특성을 알 수 있다고 주장하는 학문. 19세기에 독일의 의사 프란츠 요제프 갈Franz Joseph Gall이 제안했다. (옮긴이)

♦♦　언어중추의 특정 부분이 파괴되어 스스로 언어를 말할 수는 있으나 다른 사람의 말은 소리를 들을 뿐 이해하지 못하는 장애. (옮긴이)

역사를 부인하는 것'이라는 생각을 지울 수 없었다.

그는 이 시기(1882~1885년)를 빈 종합병원Allgemeines Krankenhaus der Stadt Wien의 병동에서 지내며, 임상적 관찰자와 신경학자로서의 기량을 갈고닦았다. 당시에 그가 작성한 임상병리학 논문을 보면, 그가 고도의 내러티브 능력을 보유했으며 디테일한 사례연구의 중요성을 인식하고 있었음을 능히 짐작할 수 있다. 그는 논문에서 괴혈병과 관련된 뇌출혈로 사망한 소년, 급성 다발성신경염multiple neuritis에 걸린 열여덟 살짜리 제빵공 도제, 척수공동증syringomyelia이라는 희귀 척수질환에 걸린 서른 살짜리 남성의 사례를 기술했다. 척수공동증에 걸린 남성은 통각과 온도감각을 잃었지만 촉감은 살아 있었는데, 이는 척수 내부의 매우 한정된 부분이 파괴되었기 때문이었다.

1886년 위대한 신경학자 장마르탱 샤르코Jean-Martin Charcot와 함께 4개월 동안 시간을 보낸 후, 프로이트는 빈으로 돌아와 자신만의 신경과 병원을 열었다. 그가 동료나 지인들과 주고받은 서신들, 그에 관한 수많은 연구와 전기들을 모두 살펴봐도, 신경과 전문의로서 그의 생활이 어떠했는지를 완벽하게 재구성할 수는 없다. 그는 베르크가세 가街 19번지에 있는 진료실에서 환자와 상담을 했는데, 신경과 전문의들의 삶은 그때나 지금이나 대동소이했던 것으로 보인다. 어떤 환자들은 뇌졸중, 떨림, 신경병증, 뇌전증 발작과 같은 일상적인 신경계 장애 때문에, 어떤 환자들은 히스테리, 강박반응성질환, 다양한 종류의 신경증neurosis과 같은 기능적 장애 때문에 그를 찾아왔다.

프로이트는 공립소아질환연구소에서도 일하며 일주일에 여러 번씩 신경클리닉을 열었다. 그가 이곳에서 얻은 임상적 경험은 동시대인들에게 잘 알려진 저서들(영아 뇌성마비에 관한 세 권의 모노그래프 monograph◆)의 밑거름이 되었다. 이 저서들은 당대의 신경과 의사들 사이에서 큰 호평을 받았으며 오늘날에도 간혹 참고된다.

신경과 의사로 일하는 동안에도 프로이트의 호기심, 상상력, 이론화 능력은 계속 증가하여, 좀 더 복잡하고 지적인 연구 과제에 도전할 수 있는 일거리를 찾았다. 빈 종합병원에서 수행했던 초기 신경학 연구들은 상당히 전통적이었지만, 실어증에 관한 훨씬 더 복잡한 의문들을 곰곰이 생각하면서 '뇌에 관한 색다른 관점이 필요하다'는 확신을 갖게 되었다. 뇌에 관한 역동적인 관점이 그를 사로잡고 있었던 것이다.

◆

프로이트가 영국의 신경학자 휼링스 잭슨의 저서나 논문들을 언제 어떻게 발견했는지를 정확히 추적하다 보면, 매우 흥미로운 점을 발견하게 될 것이다. 잭슨은 주변에서 광분하는 국소주의자들에게 동요되지 않고, 매우 조용하고 강인하고 지속적으로 신경계에 관한 진화적 관점을 발전시켜왔기 때문이다. 1859년 다윈의《종의 기원》이 발간되자, 프로이트보다 스물두 살이나 많은 잭슨은 허버트

◆　단일 주제에 대한 심도 깊은 단행본 저서. (옮긴이)

스펜서의 진화철학을 따라 자연에 대한 진화적 관점으로 완전히 전향했다. 1870년대 초 잭슨은 신경계의 위계적 관점hierarchic view을 제안하며, 가장 원시적인 반사행동 수준에서 시작하여 일련의 높은 수준들을 차례로 거친 뒤 의식consciousness과 수의적 행동voluntary action으로 발달하는 진화과정을 제시했다. 잭슨에 의하면, 질병이란 이 같은 진화과정이 역전되어 퇴화·붕괴·회귀함으로써 (평상시에는 높은 수준의 행동에 의해 억제되는) 원시적 행동이 분출하는 것을 의미했다.

잭슨의 견해는 특정 뇌전증 발작(일명 '잭슨 발작')에서 힌트를 얻어 비롯되었으며, 꿈, 섬망, 정신이상은 물론 다양한 신경질환에 적용되었다. 1879년 잭슨은 이 견해를 실어증에까지 적용하기에 이르렀는데, 실어증은 높은 수준의 지각기능에 관심을 갖는 신경학자들을 오랫동안 매료시켜온 주제였다.

그로부터 12년 후인 1891년 발간된《실어증에 관하여On Aphasia》라는 모노그래프에서, 프로이트는 잭슨에게 빚을 졌다며 여러 차례 감사의 뜻을 표했다. 그는 이 책에서 실어증에서 나타나는 특별한 현상들 중 상당수를 매우 자세하게 서술했다. 새로운 언어가 상실되지만 모어母語는 보존되는 현상, 가장 흔히 사용되는 단어와 연상들이 보존되는 현상, 한 단어 이상으로 구성된 일련의 단어들(예를 들어, 요일)이 보존되는 현상, 자기가 의도한 말과 다른 말을 하고도 틀렸음을 알아차리지 못하는 현상(이를 착어증paraphasia이라고 한다). 무엇보다도 그의 흥미를 끈 것은 외견상 무의미해 보이는 상투적 어구語句인데, 그것은 때로 언어의 유일한 잔류물이며 어쩌면 (잭슨이 말한 대로) 뇌졸중 직전 환자의 마지막 발언이 될 수도 있다. 잭슨과 마찬가지로, 프로이트에게도 이 어구는 하나의 명제나 아이디어가 외상적으로 고착화traumatic fixation된 것을 의미하며, 이 개념은 장차 그의 신경증 이론에서 매우 중요한 의미를 갖게 된다.

한 걸음 더 나아가, 프로이트는 많은 실어증 증상들이 생리적이라기보다 심리적인 연상聯想을 공유하는 듯한 현상을 관찰했다. 실어증 환자의 언어 오류는 언어적 연상, 즉 발음이나 의미가 비슷한 단어가 정확한 단어를 대체하기 때문에 일어날 수 있다. 그러나 이러한 대체는 가끔 복잡한 성질을 가지므로 동음어나 동의어만으로 이해될 수 없고, 개인의 과거사에서 빚어진 어떤 특별한 연상에서 유래한다(이것은 프로이트가 나중에《일상생활의 정신병리학The Psychopathology of Everyday Life》에서 제시한, '착어증과 과실행동parapraxia은 역사적·개인적 의미가 있는 것으로 해석된다'는 견해를 암시한다). 프로이트는 이렇게 강조했다. "착어증을 제대로 이해하고 싶다면 단어의 성격을 바라보고, 그것이 '언어와 심리의 세계' 및 '의미의 세계'와 공식적 또는 개인적으로 연관되어 있음에 주목해야 한다."

프로이트는《실어증에 관하여》에서, 실어증의 복잡한 소견은 '언어중추의 세포 속에 머무르는 단어심상'이라는 지나치게 단순화된 개념과 양립될 수 없다고 확신했다.

뇌의 언어 장치는 독특한 대뇌피질 중추들로 구성되어 있다는 이론이 진화해왔다. 그 이론의 가정은 다음과 같다. 첫째, 중추 속에 들어 있는 세포들은 단어심상(단어에 관한 개념 또는 인상)을 포함하고 있다. 둘째, 이 중추들은 아무런 기능이 없는 피질 영역에 의해 분리되며, 연합로association tract를 통해 서로 연결된다. 사람들은 '그런 가정들이 정말로 정확한가?'라는 의문을 당장 제기할 것이며, 심지어 '그게 과연 가당키나 한가?'라고 묻는 사람도 있을 것이다. 나 역시 그것을 믿을 수 없다.

프로이트는 중추(단어나 이미지의 정적 저장소static depot) 대신 피질 영역cortical field을 대안으로 제시했다. 피질 영역이란 대뇌피질의 넓은 범위를 말하는데, 이곳에는 한 가지가 아니라 다양한 기능들이 존재하며, 그중 일부는 서로 촉진하고 일부는 서로 억제하며 역동적으로 작용한다. 그는 이렇게 말했다. "휼링스 잭슨이 제시한 이 같은 역동적 개념을 생각하지 않으면 실어증이라는 현상을 제대로 이해할 수 없다. 게다가 피질 영역에 존재하는 기능들은 수준이 제각기 다르다. 잭슨은 뇌의 수직적인 조직화 모델을 제안했는데, 그것은 많은 위계적 수준hierarchic level의 기능들이 반복적으로 표상되거나 구현되는 구조를 말한다. 따라서 높은 수준의 명제언어propositional speech가 불가능할 때, 실어증의 특징적인 회귀가 일어나 원시적이고 감정적인 언어가 (때로는 폭발적으로) 등장하게 된다." 프로이트는 잭슨의 회귀 개념을 신경학과 정신분석학에 최초로 도입한 사람 중 한 명이었다. 프로이트는 《실어증에 관하여》에서 회귀를 언급함으로써, 장차 정신분석학자들이 회귀 개념을 훨씬 더 광범위하고 강력하게 사용할 수 있는 길을 닦았던 것이다(혹자는 휼링스 잭슨의 아이디어가 이처럼 광범위하고 놀라움을 경이롭게 여길 것이다. 그러나 1911년까지 생존했던 그가, 자신의 아이디어를 계승·발전시킨 프로이트의 존재를 알고 있었는지 여부는 수

수께끼로 남아 있다).◆

프로이트는 잭슨을 뛰어넘어 이렇게 주장했다. "뇌 안에는 자율적이고 분리 가능한 중추나 기능이 없고, 인지목표를 달성하기 위한 시스템이 존재할 뿐이다." 그 시스템은 수많은 요소로 구성되어 있으며, 개인의 경험에 의해 창조되거나 크게 변형될 수 있다. 예컨대, 읽고 쓰기 능력이 선천적이 아님을 감안하여, 그는 자신의 친구이자 대학 동료인 지크문트 엑스너Sigmund Exner가 가정했던 글쓰기 중추를 상정하는 것이 유용하지 않다고 생각했다. 그는 글쓰기 중추보다는 하나의 시스템, 또는 학습을 통해 구축된 복수의 시스템들을 상정하는 것이 더 합리적이라고 생각했나. 이는 50년 후 신경심리학의 창시자 A. R. 루리아A. R. Luria가 개발한 기능 시스템functional systems이라는

◆ 세상 사람들은 휼링스 잭슨의 저술에 대해 이상한 침묵이나 맹목성으로 일관했지만 《휼링스 잭슨 선집》은 1931~1932년에 와서야 비로소 책으로 출판되었다), 실어증에 관한 프로이트의 책도 그와 비슷한 무시를 받았다.《실어증에 관하여》는 출판 당시부터 다소 소외된 후, 수년 동안 사실상 알려지지 않았을 뿐 아니라 구할 수도 없었다. 심지어 실어증의 권위자인 헨리 헤드Henry Head가 1926년 출판한 위대한 모노그래프에서도 프로이트의 《실어증에 관하여》는 전혀 언급되지 않았으며, 1953년에 와서야 겨우 영어로 번역되었다. 프로이트 자신은 《실어증에 관하여》를 '아까운 실패작'이라고 자평하고, 영아 뇌성마비에 관한 구태의연한 책들이 호평을 받은 것과 비교하며 진한 아쉬움을 표했다.

"하나의 책에 대한 저자 자신의 평가와 타인들의 평가가 일치하지 않는 걸 보면 뭔가 웃기는 구석이 있다. 양쪽마비diplegia에 관한 나의 저서만 봐도 그렇다. 나는 양쪽마비를 거의 무심코 다루기 시작하여 최소한의 관심과 노력을 기울였다. 그럼에도 불구하고 결과는 완전 대박이었다, 마치 소가 뒷걸음질을 치다 쥐라도 잡은 것처럼⋯. 그러나 정말로 훌륭한 책들은 의외로 별 볼일 없는 경우가 많다. 곧 나올 예정인 실어증이나 강박관념에 관한 책, 뒤이어 출판될 신경증의 병인론과 이론에 관한 책이 그렇다. 심혈을 기울인 역작임에도 불구하고, 분위기를 보아하니 그 책들은 겨우 쪽박이나 면하면 다행일 걸로 예상된다."

개념을 연상시킨다.

《실어증에 관하여》에서, 프로이트는 이 같은 실증적·진화적 측면 외에 인식론적 측면도 크게 고려했다. 그것은 범주의 혼란으로, 신체와 정신이 복잡하게 뒤섞인 문제였다.

신경계에서 일어나는 일련의 생리적 사건과 정신과정 간의 관계는 아마도 인과관계가 아닌 것 같다. 후자가 작동할 때 전자가 멈추는 게 아니라, 특정 시점이 되면 정신현상이 생리적 사건의 개별 부분 또는 여러 부분들과 들어맞게 된다. 따라서 정신과정과 생리과정은 선후관계나 인과관계가 아니라, 서로 평행하는 의존적 병존dependent concomitance 관계에 있다고 할 수 있다.

여기서, 프로이트는 잭슨의 견해를 공개적으로 지지하며 정교하게 다듬었다. 잭슨의 견해를 정리하면 이렇다. "나는 정신과 신체 간의 연결 방식에 대해 고민하지 않는다. 양자는 서로 평행하다고 가정하는 것만으로도 충분하다. 심리적 과정(정신과정)은 자체적인 법칙·원칙·자율성·일관성을 갖고 있으므로, 어떤 생리과정이 병행되든 상관없이 독립적으로 검토해야 한다." 이러한 잭슨의 인식론(평행설 또는 병존설)은 프로이트에게 엄청난 자유를 부여했다. 프로이트는 이에 힘입어, 신경계에서 일어나는 모든 현상들을 생리과정과 성급하게 연관시키지 않고, 순수하게 심리학적인 관점에서 유례없이 자세하게 이론화하고 이해할 수 있었다.

실어증에 관한 프로이트의 견해가 '중추 또는 병터lesion 중심의 사고'에서 '뇌에 관한 역동적 견해'로 진화함에 따라, 히스테리에 관한 그의 견해도 비슷하게 전향해갔다. 히스테리에 관한 샤르코의 견해는 다음과 같았다.

"히스테리 마비hysterical paralysis◆ 환자의 뇌에는 해부학적 병터état statique가 없을지라도 생리적 병터état dynamique는 반드시 발견된다. 히스테리 마비 환자의 생리적 병터는 신경계 마비neurological paralysis 진단을 받은 환자의 뇌에서 발견된 해부학적 병터와 정확히 일치한다. 따라서 히스테리 마비는 기질적 마비organic paralysis◆◆와 생리적으로 동일하며, 히스테리는 본질적으로 신경계 문제로 간주할 수 있다. 즉, 히스테리는 신경이 병적으로 예민한 개인, 즉 신경병자neuropath에게 나타나는 특별한 반응성인 것이다."

프로이트도 처음에는 샤르코에게 설득당했다. 그도 그럴 것이, 당시에만 해도 프로이트는 해부학적·신경학적 사고에 푹 빠져, 샤르코의 주문呪文에 단단히 걸려 있었기 때문이다. 샤르코의 주장은 전적으로 타당해 보였으므로, 프로이트가 샤르코의 생각에서 벗어나기는 극히 힘들었다. 설상가상으로 많은 것들이 신비의 베일에 가려져 있는 히스테리 분야에서는 더욱 그러했다. 그러나 1년도 채 지나지 않아 프로이트의 믿음은 흔들렸다. 신경학계 전체가 '최면은

◆　히스테리 환자에서 볼 수 있는 신체의 부분적 운동력 상실을 뜻하며, 신경계 마비와 달리 신경학적 원인이 없는 것이 특징이다. (옮긴이)

◆◆　'기질적organic'이란 '기능적functional'과 반대되는 말로서, '모든 검사를 시행하면 어떤 이상을 발견할 수 있다'는 뜻이다. 그에 반하여 '기능적'이란 '어떠한 검사로도 이상을 발견할 수 없으나 환자에게 이상 증상이 나타난다'는 뜻이다. (옮긴이)

신체적인가, 아니면 정신적인가?'라는 문제를 놓고 갈등을 겪고 있었기 때문이다. 1889년 프로이트는 샤르코의 동시대인인 이폴리트 베른하임Hippolyte Bernheim을 낭시에서 만났는데, 그와의 만남을 통해 큰 영향을 받은 것 같다(베른하임은 최면의 심리적 기원설을 제창했으며, 최면의 결과는 관념이나 암시만으로도 설명이 가능하다고 믿었다). 베른하임을 만난 후, 프로이트는 히스테리 마비에 대한 샤르코의 개념, 즉 국한성 생리적 병터circumscribed physiological lesion 개념에서 벗어나, 좀 더 모호하지만 복잡한 개념, 즉 '신경계의 다양한 부분에 분포하는 생리적 변화' 개념을 향해 나아갔다. 이는 그가《실어증에 관하여》를 집필하던 중 떠오른 통찰력과 일맥상통했다.

샤르코는 프로이트에게 "비교분석을 통해, 기질적 마비와 히스테리 마비를 둘러싼 논란을 해결하려고 노력하라"고 제안했다.◆ 프로이트는 때마침 그럴 준비가 되어 있었다. 왜냐하면 빈으로 돌아와 신경과 병원을 개업함에 따라, 수많은 히스테리 마비 환자와 기질적

◆ 샤르코의 클리닉에서 근무한 또 다른 젊은 신경학자 조제프 바빈스키도 프로이트와 동일한 제안을 받았다(그는 나중에 프랑스에서 가장 유명한 신경학자 중 한 명이 되었다). 바빈스키는 기질적 마비와 히스테리 마비 간의 차이에 대해 프로이트와 의견이 일치했지만, 나중에 제1차 세계대전에서 부상을 입은 병사들을 진료하다가 이런 생각을 하게 되었다. "마비나 마취 외에, 제3의 영역이 있는 게 분명하다. 그것은 국소적인 해부학적 병터나 관념이 아니라, 척수나 그 밖의 다른 부분에 존재하는 광범위한 시냅스성 억제영역field of synaptic inhibition과 관련되어 있는 것 같다." 바빈스키는 제3의 영역과 관련하여 신체병리증후군syndrome physiopathique을 언급했는데, 이것은 중대한 신체적 외상이나 외과수술에 수반되는 증후군으로서, 사일러스 위어 미첼Silas Weir Mitchell이 미국 남북전쟁 때 처음 기술함으로써 신경학자들을 어리둥절하게 만들었다. 왜냐하면 특정한 신경분포나 정서적 유의미성도 없이 신체의 넓은 부분이 정상적인 기능을 수행하지 못할 수 있기 때문이었다.

마비 환자들을 만나 양자兩者의 메커니즘을 스스로 규명하려고 노력하고 있었기 때문이다.

1893년 프로이트는 히스테리에 관한 기질적 설명과 완전히 결별했다.

히스테리 마비의 병터는 신경계에서 완전히 독립되어 있음에 틀림없다. 왜냐하면 히스테리 마비와 그 밖의 히스테리 소견들은 마치 해부학이 존재하지 않거나 해부학을 무시하는 것처럼 행동하기 때문이다.

그것은 어떤 의미에서 과감한 방향 전환과 돌파의 순간이었다. 프로이트는 정신의학적 상태들을 오로지 독자적인 관점에서 바라보기 위해, 신경학뿐만 아니라 정신의학적 상태에 대한 신경학적·생리학적 개념들을 모두 포기했다. 그는 〈과학적 심리학을 위한 프로젝트Project for a Scientific Psychology〉라는 논문에서, 정신상태의 신경적 기반을 상세히 기술하기 위해 최종적이고 고차원적인 이론화를 시도했다. 그렇다고 해서, 그가 '모든 심리학적 상태와 이론에는 궁극적으로 생물학적 기반이 깔려 있다'는 개념을 포기한 건 아니었다. 그러나 실질적인 목표를 위해서는 생물학을 잠시 제쳐놓을 수 있으며, 그래야만 한다고 느꼈다.

◆

프로이트는 1880년대 후반부터 1890년대 사이에 정신의학 연구 쪽으로 서서히 눈을 돌렸지만, 신경학에 관한 짧은 논문들을 간간이 지속적으로 썼다. 1888년에는 어린이의 반맹hemianopsia을 기술한 논문을 최초로 발표했고, 1895년에는 넓적다리무감각증meralgia paresthetica이라는 특이한 압박신경병증compression neuropathy에 대한 논문을 발표했다. 넓적다리무감각증은 프로이트 자신이 경험했고, 그가 돌보는 환자들 중에서도 많은 사례가 관찰된 질병이었다. 프로이트는 고전적인 편두통도 겪었는데, 이 역시 자신의 신경과 병원에 찾아오는 많은 환자들이 빈번히 호소하던 증상이었다. 그래서 언젠가 편두통에 대해 짧은 책을 쓰려고 했지만, 1895년 4월 '편두통의 체크포인트' 열 가지를 요약하여 친구 빌헬름 플리스Wilhelm Fliess에게 보낸 것이 전부였다. 그가 정리한 편두통의 핵심 사항을 읽어보면, 생리적이고 정량적인 분위기가 매우 강하게 느껴진다. 그의 논지는 "신경력nerve-force♦의 경제학"이라는 말로 집약될 수 있는데, 이는 그해 말 폭발적으로 증가하는 그의 사고력과 집필 활동의 방향을 암시한다.

프로이트처럼 책을 많이 쓴 인물들에게서 종종 발견되는, 이상하고 흥미로운 점이 하나 있다. 책을 그렇게 많이 썼음에도 불구하고, 가장 시사적이고 선견지명이 있는 아이디어는 정작 사적인 서신이나 일기장에만 나타난다는 것이다. 프로이트의 일생을 통틀어 1890년대 중반만큼 아이디어가 분출한 시기는 없었는데, 그는 자

♦ 　신경계가 보유한 실질적 또는 잠재적 에너지로, 신경계의 작업능력capacity for work을 의미한다. (옮긴이)

신이 품고 있는 생각들을 단 한 사람, 친구 플리스하고만 공유했다. 1895년 말, 프로이트는 심리학에 관한 관찰과 통찰력들을 모아 하나의 설득력 있는 생리학으로 집대성하려는 야심찬 작업에 착수했다. 그즈음 플리스에게 보낸 원고에 동봉한 편지를 읽어보면, 프로이트는 활기가 넘친 나머지 거의 황홀경에 빠져 있었음을 알 수 있다.

> 지난주 어느 날 저녁, 나는 연구에 몰두하고 있었지. 그런데 장벽이 갑자기 무너지고 베일이 걷히며 명확한 비전이 보이는 게 아닌가! 신경병의 디테일한 내용에서부터 의식을 가능케 하는 정신의 상태에 이르기까지, 모든 것들은 서로 연결되어 한 치의 어긋남 없이 보조를 맞춰 작동하고 있었어. '뇌와 정신은 이제 자동기계가 되어 조만간 스스로 알아서 작동하겠구나'라는 인상이 들자, 나는 너무 기뻐 그만 자제력을 잃고 말았다네.

그러나 오늘날의 관점에서 볼 때, '모든 것이 연결되었다'는 명료한 계시, 즉 프로이트 앞에 스스로 모습을 드러낸 '뇌와 정신의 완벽한 작동 모델'을 파악하기란 결코 쉽지 않다. 그리고 프로이트 자신도 불과 몇 달 후 이렇게 썼다. "나는 심리학에서 부화孵化하는 비전을 봤던 나의 정신 상태를 더 이상 이해할 수가 없다."◆

◆ 프로이트는 플리스에게 보낸 자신의 원고를 되찾지 않았으며, 그 원고는 50여 년간 행방불명되었다가 1950년대에 마침내 발견되어 출판되었다. 그러나 뒤늦게 발견된 원고는 프로이트가 1895년에 썼던 여러 개의 초고草稿 중 일부일 뿐이었다.

프로이트가 플리스에게 보낸 '과학적 심리학을 위한 프로젝트'라는 제목의 논문을 둘러싸고, 오늘날까지 뜨거운 논란이 계속되고 있다(이 제목은 오늘날 학자들이 붙인 것이며, 간단히 〈프로젝트〉라고 불린다. 프로이트가 본래 사용한 가제假題는 '신경학자들을 위한 심리학'이었다). 〈프로젝트〉는 읽기가 매우 어려운데, 그 이유는 내용이 워낙 난해한 데다 수많은 독창적 개념들이 난무하기 때문이다. 또한 프로이트는 간혹 한물간 용어나 특이한 용어를 사용했으므로, 우리가 읽으려면 좀 더 익숙한 용어로 번역할 필요가 있다. 그리고 프로이트는 일종의 속기를 통해 맹렬한 속도로 써 내려갔으므로 일반인들이 알아보기가 매우 힘들다. 마지막으로, 프로이트는 누군가에게 보여주려고 했던 게 아니라, 오직 자신만이 들여다볼 목적으로 쓴 것 같다.

그럼에도 불구하고 〈프로젝트〉는 기억, 집중력, 의식, 지각, 소원, 꿈, 섹슈얼리티, 방어, 억제, 1차 및 2차적 사고과정(이것은 프로이트가 만든 용어다)을 '정신에 관한 비전vision of the mind'으로 일관되게 통합하고, 이 모든 과정들을 기본적인 생리학적 틀physiological framework 안에 집대성했다. 그가 새로 정립한 틀은 다음과 같은 세 가지 요소들로 구성되었다. ①상이한 뉴런계, ②뉴런계 간의 상호작용과 수정 가능한 접촉장벽modifiable contact barrier, ③신경 흥분의 자유로운 상태와 속박 상태.

〈프로젝트〉는 1890년대의 언어로 쓰였지만, 오늘날의 신경과학 아이디어에 놀라우리만큼 적합한 개념들을 많이 포함하고 있다. 그래서 칼 프리브람Karl Pribram과 머턴 길Merton Gill과 같은 신경과학자들은 프로이트의 〈프로젝트〉를 재검토하고 있다. 두 사람은 〈프로젝트〉를 '신경학과 심리학을 연계하려는 사람을 위한 로제타석'으로 부른다. 더욱이 프로이트가 〈프로젝트〉에서 발전시킨 아이디어 중 상당수는 그 당시에는 검토가 불가능했지만, 오늘날에는 첨단 기법을 이용하여 실험적으로 검토될 수 있다.

◆

프로이트를 시종일관 사로잡은 주제는 기억의 본질이었다. 그는 실어증도 일종의 망각으로 간주했고, 그의 노트에는 "편두통의 초기 증상은 종종 적절한 이름을 잊는 것"이라고 적혀 있다. 그는 기억의 병리학을 히스테리의 핵심으로 간주했으며("히스테리 환자들은 주로 회상 때문에 고통을 받는다"), 〈프로젝트〉에서는 "기억의 생리적 전제 조건 중 하나는, 특정 뉴런들 간의 접촉장벽 시스템"이라고 가정하며 기억의 생리적 기초를 여러 수준에서 설명하려고 시도했다. 그는 이 접촉장벽 시스템을 프사이 시스템psi(Ψ) system이라고 불렀는데, 이는 셰링턴이 시냅스라는 용어를 만들기 10년 전이었다. 프로이트가 제안한 프사이 시스템은 선택적으로 촉진되거나 억제될 수 있으므로, 새로운 정보 및 기억 획득에 상응하는 영구적인 뉴런 변화가 가능하다. 또한 이것은 도널드 헤브Donald Hebb가 1940년대에 제안했고 오늘날 실험에 의해 지지되는 학습이론과 기본적으로 유사하다.

기억과 동기motive는 보다 높은 수준에서 떼려야 뗄 수 없다는 것이 프로이트의 생각이었다. 그렇다면 기억과 동기는 늘 커플을 이뤄야 하며, 회상은 동기와 결합되지 않을 경우 아무런 힘도 의미도 없다는 이야기가 된다. 프리브람과 길은 〈프로젝트〉에 나오는 다음과 같은 구절에 주목했다. "기억과 동기는 모두 선택적 촉진selective facilitation에 기반한 프사이 과정이다. 차이가 있다면 기억은 이러한 촉진의 후향적retrospective 측면이며, 동기는 전향적prospective 측면이다."◆

기억이란 국소적인 뉴런의 흔적(오늘날에는 이것을 장기강화작용long-term potentiation이라고 부른다)을 필요로 함에도 불구하고, 프로이트가 생각하는 기억은 그것을 훨씬 뛰어넘는 것이었다. 그에게 기억이란 '본질적으로 역동적이고 변화무쌍하고 평생 동안 재조직되는 과정'이었다. 기억의 힘은 정체성 형성의 핵심이며, 개인으로서의 지속성을 보장한다. 그러나 기억은 변화하기 마련이며, 프로이트만큼 '기억의 복구 잠재력', '기억의 지속적인 개정', '기억의 재범주화recategorization'에 민감했던 사람은 없었다.

아널드 모델Arnold Modell은 정신분석학의 치료 잠재력therapeutic potential과 (좀 더 일반적으로는) 사적 자아private self 형성과 관련하여 이점을 언급했다. 그는 1896년 12월 프로이트가 플리스에게 보낸 편지를 인용했는데, 자신의 판단에 따라 프로이트가 그 편지에서 사용한 사후성Nachträglichkeit◆◆이라는 용어를 재전사retranscription로 번역

◆ 프로이트가 지적한 바에 따르면, 기억과 동기의 불가분성은 의도성에 기반한 기억착오illusion of memory를 이해할 수 있는 가능성을 제시한다. 예컨대 당신이 어떤 사람에게 편지를 쓰지 않았지만 쓰려는 의도가 있었을 경우, 또는 목욕을 하려는 의도가 있었지만 하지 않았을 경우, 당신은 편지를 썼거나 목욕을 했다는 기억착오를 겪게 된다. 그러나 선행하는 의도가 없는 경우, 우리는 그런 착오를 겪지 않게 된다.

했다.

자네도 알다시피, 나는 '인간의 정신적 메커니즘은 층위화stratification 과정을 통해 탄생했으며, 기억흔적memory trace의 형태로 존재하는 재료는 시시때때로 새로운 환경에 알맞도록 재배열된다'는 가정에 입각하여 연구를 진행하고 있다네. 나는 이러한 재배열을 재전사라고 부르고 있어. 기억이란 단 한 번 기록되어 그대로 유지되는 게 아니라, 일생 동안 여러 번 변화하는 거야. 삶은 시대를 경과하며 계속되며, 각 시대별로 달성한 정신적 성과를 반영하기 위해 기억은 지속적으로 개정된다네. 나는 정신신경증psychoneurosis의 원인이 바로 이 같은 재전사의 오류 때문이라고 생각해. 재료 중의 일부가 재전사되지 않은 사람은 발달이 정체되어 정신신경증이 발병하는 거라네.

따라서 정신분석학의 치료 잠재력은 고착된 재료fixated material를 끄집어내어, 재전사(리모델링)의 창조적 과정에 예속되도록 만드는 것이다. 그럴 경우 정체되었던 개인은 다시 한번 성장과 변화를 꾀

◆◆ 기억은 끊임없이 역동적인 공고화consolidation 과정을 거칠 뿐만 아니라 재공고화된다. 이는 인간과 다른 동물들이 기억을 이용할 때, 능동적인 처리를 통해 다른 형태로 개조하고 재구성할 수 있음을 의미한다. 이렇게 재구성된 기억은 원래의 기억이 공고화되어 저장될 때, 종전에 존재하지 않았던 새로운 정보를 포함하게 된다. 따라서 오래된 기억은 새로운 상황에서 다시 회상될 때 일시적으로 불안정해지고 재처리 과정을 거치게 된다. 비록 프로이트는 그러한 메커니즘에 대해 전혀 알지 못했지만, 기억 과정이 이런 방식으로 작동한다는 사실을 이미 잘 알고 있었기에, 이러한 정신과정을 기술하기 위해 사후성이라는 단어를 발명했다. (옮긴이)

할 수 있게 된다.

이러한 리모델링은 치료 과정에 필수적일 뿐 아니라, 인간적인 삶의 일부라는 것이 모델Modell의 생각이다. 그에 의하면 인간은 일상적으로 기억을 업데이트하고(기억상실증amnesia 환자는 업데이트를 할 수 없다), 종종 커다란 변화(때로는 격변)를 겪으며, 니체가 말했던 것처럼 모든 가치들을 재평가하는데, 이 세 가지는 독특한 사적 자아가 진화하는 데 꼭 필요한 과정이라고 한다.

'기억이 끊임없이 구성되고 재구성된다'는 것은 1930년대에 프레데릭 바틀렛Frederic Bartlett이 수행한 실험연구의 핵심 결론이었다. 바틀렛은 이 연구에서, 사람이 (자신 또는 타인들에게) 똑같은 스토리를 반복적으로 이야기할 때 스토리에 관한 기억이 지속적으로 바뀌는 과정을 매우 명확하게(때로는 매우 유쾌하게) 설명했다. 요컨대, 기억은 단순히 기계적으로 재생산되는 것이 아니라, 개인의 상상력이 가미되어 재구성되는 것이다. 그는 다음과 같이 썼다.

기억은 고정되고 활기 없고 단편적인 수많은 흔적들을 고스란히 재탕하는 것이 아니다. 그것은 '과거의 반응이나 경험들을 바라보는 전반적 태도'와 '이미지나 언어의 형태로 저장된 세부 사항'을 기초로 하여 상상력이 가미되어 구성되거나 재구성된다. 심지어 가장 기초적인 암기와 반복의 경우에도 기억이 늘 정확한 것은 아니다. 따라서 기억의 정확성을 절대시할 필요는 없다.

20세기의 마지막 30년 이후, 신경학과 신경과학은 뇌를 역동적이고 구성적인 관점에서 바라봐왔다. 리처드 그레고리Richard Gregory와 V. S. 라마찬드란V. S. Ramachandran이 증명한 바와 같이, 뇌는 가장 기초적인 수준(예를 들면 맹점blind spot이나 암점scotoma 메우기, 착시)에서도 그럴 듯한 가설, 패턴, 장면을 구성하는 것으로 밝혀졌다. 제럴드 에덜면Gerald Edelman은 자신의 뉴런집단선택이론theory neuronal group selection에서 신경해부학과 신경생리학 데이터, 발생학과 진화생물학 데이터, 임상연구와 실험연구 데이터, 합성뉴런모델링synthetic neuronal modelling 데이터를 총동원하여 정신에 관한 신경생물학적 모델을 구축했다. 정신에 관한 모델에서 뇌의 핵심적인 역할은 범주를 구성하는 것인데, 처음에는 지각적perceptual인 범주, 다음으로는 개념적conceptual 범주를 구성한다. 뇌의 두 번째 역할은 상승과정ascending process인데, 이것은 수준이 상승할수록 재범주화가 반복되는 부트스트랩bootstrap◆ 과정이며 최종적으로 의식에 도달하게 된다. 따라서 에덜면에게 있어서, 모든 지각은 창조이며 모든 기억은 재창조 또는 재범주화라고 할 수 있다.

에덜면은 이상과 같은 범주들이 생물의 가치와 (부분적으로는 선천적이고, 부분적으로는 후천적인) 성향 또는 기질에 의존한다고 봤고, 프로이트는 인간의 충동, 본능, 정서에 의존한다고 봤다. 프로이트의 견해와 에덜면의 견해가 매우 유사한 것으로 보아, 우리는 정신분석학과 신경생물학이 잘 어울리고 사실상 일치하며 상호 보완적이라

◆　컴퓨터 용어로, 자체적인 동작에 의해서 어떤 소정의 상태로 이행하도록 설정되어 있는 방법을 말한다. (옮긴이)

고 생각할 수 있다. 사후성과 재범주화가 같은 개념임을 감안하면, 우리는 외견상 이질적인 두 개의 우주들(인간이 의미를 부여한 우주, 자연과학에서의 우주)을 통합하는 방법에 관한 힌트를 얻을 수 있다.

오류를 범하기 쉬운 기억

예순 번째 생일이 다가오던 1993년, 나는 특이한 현상을 경험하기 시작했다. 일부러 생각한 것도 아닌데, 50여 년 동안 잠복해 있었던 유년 시절의 기억들이 마음속에 새록새록 떠오르는 게 아닌가! 기억뿐만이 아니라, 기억과 관련된 마음, 생각, 분위기, 열정도 함께 고개를 들었다. 특히 제2차 세계대전이 일어나기 전 런던에서의 소년 시절 기억이 그랬다. 마음이 싱숭생숭해진 나는 두 편의 짧은 비망록을 작성했다. 하나는 사우스켄싱턴에 있는 커다란 과학박물관에 관한 것이었는데, 그 시절 그곳은 나에게 학교보다 훨씬 더 중요한 곳이었다. 다른 하나는 나의 영웅이었던 19세기 초기의 화학자 험프리 데이비Humphry Davy에 관한 것이었는데, 그가 상세히 기술한 실험은 나를 흥분시키고 묘한 경쟁심을 유발하기에 충분했다. 그러나 사람의 마음은 간사한 것 같다. 막상 비망록을 완성해놓고 보니 생각이 달라진 것이다. 짧은 비망록을 들추며 회상에 잠기느니 아예

충실한 내용이 담긴 자서전을 쓰는 게 낫겠다는 충동이 일어, 나는 1997년 후반 3년짜리 프로젝트를 기획했다. 기억을 더듬어 복구한 다음, 재구성하고 다듬고 통일성과 의미를 부여하여 마침내 《엉클 텅스텐Uncle Tungsten》을 발간했다.

나는 몇 가지 이유 때문에 내 기억의 부실함을 예상했다. 첫째, 내가 서술한 사건들은 50여 년 전에 일어난 데다, 기억을 공유하거나 진위 여부를 확인해줄 사람들은 대부분 이 세상 사람이 아니었다. 둘째, 생애 초기의 일들이 적힌 편지나 일기장을 참고할 수도 없었다. 내가 편지나 일기를 쓰기 시작한 것은 열여덟 살 때쯤이었기 때문이다.

나는 많은 기억을 잊거나 상실한 게 분명하다는 점을 인정하면서도, 내가 가진 비망록의 내용(특히 그중에서도 매우 생생하고 구체적이고 정황적인 부분)은 본질적으로 타당하고 신뢰할 만하다고 생각했다. 그러나 나중에 비망록의 내용 중 일부가 사실이 아님을 알고 나서 충격이 이만저만이 아니었다.

두드러진 사례는 내가 《엉클 텅스텐》에서 언급한 두 건의 폭격 사고로, 둘 다 1940~1941년 겨울에 발생한 것이었다. 나치 독일은 1940년 여름 프랑스를 점령한 뒤 곧바로 영국과의 전면전쟁에 나서 '런던 대공습the Blitz'을 시작했었다.

어느 날 밤, 1,000파운드짜리 폭탄이 옆집의 정원에 떨어졌지만, 운 좋게도 폭발하지는 않았다. 그날 밤 거리에 있던 사람들은 모두 살금살금 달아났고, 우리 식구는 사촌의 아파트로 피신했다. 많은 사람들은 파자마 차림으로 최대한 엉금엉금 기었다. 혹시라도 땅이 진동할 경우 폭탄이 터질까 봐. 등화관제가 실시되고 있었으므로 거리는 칠흑처럼 어두웠고, 우리 모두는 빨간 주름종이로 덮은 손전등을 하나씩 들고 있었다. 다음 날 아침까지 집이 제자리에 그대로 서 있을 거라고 장담할 수 없었다.

또 한번은 테르밋♦ 소이탄♦♦이 우리 집 뒤뜰에 떨어져, 끔직하고 엄청난 열을 내며 타올랐다. 아버지는 소화용 소형 수동 펌프를 들었고, 형들은 양동이로 물을 연신 퍼 날랐다. 그러나 물은 그런 지옥 같은 불을 끄는 데 아무런 소용이 없어 보였고, 되레 불길이 더욱 거세질 뿐이었다. 시뻘겋게 달아오른 금속에 물이 닿을 때마다 지지직거리며 사악한 소리와 폭발음이 들렸고, 그러는 동안 폭탄은 덮개를 용해시켜 쇳물 방울을 사방팔방으로 뿌려댔다.

책이 출판된 지 몇 달 후, 나는 형 마이클과 그 두 건의 폭격 사건을 이야기하다 첫 번째 오류를 발견했다. 형은 내 말을 듣는 즉시 폭격 사건에 관한 기억의 진위를 확인해줬다. "첫 번째 사건에 대해서는 내 기억과 네 설명이 일치해. 그러나 두 번째 사건은 아니야. 너는 그 사건을 보지 못했어. 왜냐하면 넌 그때 그곳에 없었거든." 마이클은 나보다 다섯 살 위이며, 두 번째 사건이 일어났을 때 나와 함

♦ 알루미늄과 산화철의 분말을 동일한 양으로 혼합한 혼합물. 점화하면 3,000℃의 고온을 내므로, 철강의 용접과 소이탄 제조에 사용된다. (옮긴이)
♦♦ 항공기 및 지상화기에서 사람이나 시가지·밀림·군사시설 등을 불태우기 위해 발사하는 탄환. (옮긴이)

께 브레이필드라는 기숙학교에 머물고 있었다. 우리는 전쟁이 시작될 때 그 학교로 보내져, 왕따를 일삼는 급우들과 사디스트적인 교장 선생님에게 둘러싸여 4년 동안 악몽 같은 시간을 보냈다.

나는 마이클의 말을 듣는 순간 큰 충격을 받았다. 내가 법정에서 전혀 주저하지 않고 맹세할 수 있으며, 진실임을 한순간도 의심하지 않았던 기억이 거짓이라니!

나는 즉시 항변했다. "그게 무슨 소리야? 나는 지금 이 순간에도 그 순간을 마음의 눈으로 생생히 보고 있는데. 아빠는 펌프를 들고 계셨고, 마커스와 데이비드는 물이 가득 든 양동이를 들고 있었단 말이야. 내가 그곳에 없었다면, 그 장면이 어떻게 그렇게 분명하게 떠오를 수 있겠어?"

"너와 난 그걸 보지 못했다니까!" 마이클은 반복해서 말했다. "그때 우리는 둘 다 런던을 떠나 브레이필드에 머물고 있었어. 그때 맏형 데이비드가 우리에게 편지를 보내, 테르밋 소이탄 사건을 생생하고 극적으로 설명해줬지. 너는 편지를 읽으며 소름이 끼치는지 몸을 바르르 떨더군." 나는 데이비드의 실감 나는 글을 읽고 몸을 바르르 떨었을 뿐 아니라, 내 마음속에 폭발 장면에 대한 이미지를 구축한 게 틀림없었다. 요컨대 타인의 경험을 차용하여 나 자신의 기억으로 여겼던 것이다.

마이클의 이야기를 들은 후, 나는 두 가지 기억을 비교해보려고 노력했다. 하나는 직접적인 경험에 의해 뒷받침되는 1차기억이고, 다른 하나는 타인의 경험을 통해 간접적으로 구성된 2차기억이었다. 첫 번째 사건에 관한 기억의 경우, 나는 작은 소년의 몸속으로 들어가 얇은 파자마 차림으로 바들바들 떠는 듯한 느낌이 들었다. 때는 12월이고, 나는 공포에 질려 있었다. 나는 주변의 어른들에 비해 키가 작았으므로, 그들의 얼굴을 쳐다보기 위해 목을 길게 빼 올려야 했다.

두 번째 사건에 관한 기억의 경우, 첫 번째 사건에 대한 기억과 마찬가지로 명확했다. 기억은 매우 생생하고 자세하고 구체적이었다. 나는 그게 첫 번째 기억과 다른 특징을 갖고 있다고 확신하려고 노력했다. 그건 타인의 기억을 차용한 것으로, 좀 더 구체적으로 말하면 언어적 기술verbal description을 이미지로 번역한 것이었다. 그러나 이성적으로는 그 기억이 거짓임을 알지만, 감정적으로는 여전히 나 자신의 기억처럼 생생하고 강렬하게 느껴지는 것을 어쩔 수 없었다.◆ 나는 이런 의문이 들었다. "2차기억이 1차기억과 마찬가지로 내 마음속에(그리고 어쩌면 신경계 속에) 리얼하고 개인적이고 강력하게 각인되었을까? 정신분석이나 뇌영상 분석으로 그 차이를 분석할 수는 없을까?"

◆

테르밋 소이탄에 관한 거짓 기억은 진짜 기억과 매우 흡사하며,

◆ 나는 좀 더 회상해보고, 내가 정원의 장면을 다양한 각도에서 시각화할 수 있다는 점에 놀랐다. 반면에 거리의 장면은 1940년 당시의 '놀란 토끼 눈을 한 일곱 살짜리 소년의 시선'의 범위를 결코 벗어나지 않았다.

당시에 내가 학교에서 집으로 돌아와 있었다면 좀 더 쉽게 나 자신의 경험으로 받아들일 수 있었을 것이다. 하지만 나는 정원을 잘 알고 있었으므로, 그 구석구석을 매우 자세히 상상할 수 있었다. 만약내가 정원을 잘 몰랐다면, 형의 편지에 적힌 내용들이 내게 그렇게 큰 영향을 미치지 못했을 것이다. 그러나 내가 그 자리에 있다고 쉽게 상상할 수 있었으므로, 나는 그것을 나 자신의 경험으로 받아들인 것이다.

우리 모두는 경험을 어느 정도 이전移轉하며, 때때로 어떤 경험이 남에게 들은 건지 어디서 읽은 건지, 심지어 꿈에서 본 건지 또는 실제로 일어난 건지 확신하지 못한다. 특히 생애 초기 기억의 경우이런 현상이 나타나는 경향이 있다.

나는 두 살 때쯤 복도의 장식용 테이블 밑에서 뼈를 갉아먹던 피터(중국산 차우차우)의 꼬리를 잡아당긴 일을 생생히 기억한다. 그러자 피터가 뛰어올라 내 뺨을 깨무는 바람에, 울음을 터뜨리며 집안에 있는 아버지의 수술실로 실려 가 두 바늘을 꿰맸다. 이 기억에는 한 가지 이상의 객관적 현실이 존재한다. 내가 두 살 때 피터에게 뺨을 물렸으며, 지금도 그 흉터가 존재한다는 것이다. 그러나 내가 그 사건을 실제로 기억할까, 아니면 주변 사람들에게 듣고 기억을 구성한 다음 반복적으로 회상함으로써 내 마음속에 점점 더 확고하게 고정시켰을까? 내게는 그 기억 자체도 사실적으로 느껴지지만, 그와 연관된 공포감은 더욱 진짜처럼 느껴진다. 왜냐하면 나는 그 사건 이후로 커다란 동물에 대한 공포감이 생겼기 때문이다. 두 살 때 나와 비슷한 몸집을 가진 개가 갑자기 달려들어 나를 물어뜯었으니 오죽했겠는가.

대니얼 샥터Daniel Schacter는《기억을 찾아서Searching for Memory》에서 기억의 왜곡과 그에 수반되는 출처혼동source confusion을 광범위하게 논의하고, 잘 알려진 로널드 레이건에 관한 일화를 소개한다.

1980년 대선 캠페인에서, 로널드 레이건은 제2차 세계대전 때의 폭격기 조종사에 관한 감동적인 스토리를 반복적으로 이야기했다. 그 내용인즉, 비행기가 적의 공격을 받아 심각하게 손상된 후, 조종사가 기관총 사수에게 긴급 탈출을 명령했다는 것이다. 그런데 젊은 기관총 사수는 부상이 심각해서 비행기에서 탈출할 수 없었다고 한다. 레이건은 조종사의 영웅적인 말을 소개할 때마다 눈물을 주체하지 못했다. "걱정하지 마라. 우린 최후의 순간까지 함께할 것이다." 언론에서는 그 스토리가 1944년에 개봉된 영화 〈죽음의 전투기〉의 내용을 거의 그대로 베낀 것임을 금세 알아냈다. 레이건은 그 스토리를 기억하고 있었지만, 출처를 그만 잊어버린 것이었다.

혈기왕성하던 예순아홉 살의 레이건은 당선 후 8년간 대통령직을 별 탈 없이 수행했으며, 80대에 이르러 오해의 여지없는 치매에 걸렸다. 그러나 그는 일생 동안 현실과 연기(또는 상상)를 넘나들었으며, 걸핏하면 로맨틱 판타지와 연극 조調의 언동을 보였다. 한마디로 영화와 현실을 구분하지 못한 것이다. 레이건은 〈죽음의 전투기〉의 스토리를 이야기할 때도 일부러 감정을 잡을 필요가 없었다. 왜냐고? 그게 자신의 스토리며 현실이라고 느꼈으니까. 그때는 기능적자기공명영상fMRI이 아직 발명되지 않았지만, 설사 거짓말 테스트를 했더라도 양성반응은 나오지 않았을 것이다. 레이건은 진심으로 이야기한 것일 테니까.

그러나 우리가 소중하게 품고 있는 기억 중 일부가, 전혀 일어나지 않았거나 다른 사람에게 일어난 일에 관한 것일 수도 있음을 깨닫는다면 참담한 기분이 들 것이다.

◆

진정 나만의 깃으로 보이는 열광과 충동 중 상당 부분이 실은 (나에게 의식적·무의식적으로 강력한 영향력을 미친 후 잊힌) 타인의 제안에서 비롯되었을 수 있다.

그런데 그 '타인'이 나일 수도 있다. 나는 종종 특정한 토픽에 대한 강연을 하는 동안, 내가 다른 강연에서 언급했던 내용을 좋든 싫든 정확히 기억하지 못할 때가 있다. 그렇다고 해서 허구한 날 강연록(심지어 한 시간 전에 강연을 준비하며 메모한 내용)을 들춰볼 수도 없는 노릇이고. 나는 그럴 때마다 의식적 기억을 상실하고, 본의 아니게 백지 상태에서 강연을 진행하곤 한다.

이런 식의 망각은 때때로 자가표절autoplagiarism로 이어질 수 있다. 나는 전에 사용했던 구절이나 문장을 마치 새것인 양 재생산하곤 하는데, 가끔 심각한 건망증과 뒤섞여 문제가 더욱 복잡해질 수 있다.

나의 옛 노트들을 넘겨 보면, 그 속에 휘갈겨 쓴 생각 중에서 많은 것들이 오랫동안 잊혔다가 부활하여 재사용되는 것을 볼 수 있다. 나는 그런 망각이 누구에게나 일어나며, 특히 작가나 화가나 작곡가들에게 흔한 일이라고 생각한다. 왜냐하면 창의력은 때로 그런 망각을 필요로 하기 때문이다. 우리의 기억과 아이디어는 다시 태어나, 새로운 맥락과 관점에서 조망될 수 있다.

◆

웹스터사전에서는 표절plagiarism을 다음과 같이 정의하고 있다. "타인의 아이디어나 단어를 도용하여 자신의 것인 양 행세하는 행위, 문학적 절도literary theft를 위해 출처를 밝히지 않고 사용하는 행위, 기존의 출처에서 유래하는 아이디어나 제품을 새롭고 독창적인 것인 양 제시하는 행위." 표절과 비슷한 용어 중 잠재기억cryptomnesia이라는 것이 있는데, 이것은 "타인이 말해준 아이디어였음에도 불구하고, 그 사실을 까맣게 잊고 자기가 생각해낸 새롭고 독창적인 아이디어라고 생각하는 심리 현상"을 말한다. 표절과 잠재기억의 정의에는 겹치는 부분이 상당히 많지만 핵심적인 차이는 이렇다. "표절은 흔히 의식적이고 고의적이라고 인정되어 비난을 받지만, 잠재기억은 무의식적이고 우발적이므로 반드시 비난받아야 하는 것은 아니다." 잠재기억에 대한 인식은 개선될 필요가 있다. 혹자는 잠재기억을 '무의식적 표절'이라고 부르기도 하지만, 표절이란 단어 그 자체에 도덕적 판단이 개입되어 있고 범죄와 사기를 암시하므로, 설사 무의식적이라 하더라도 문제의 소지가 있기 때문이다.

1970년 조지 해리슨George Harrison은 〈마이 스위트 로드My Sweet Lord〉라는 대히트곡을 발표했는데, 8년 전 녹음된 로널드 맥Ronald Mack의 〈히스 소 파인He's So Fine〉과 비슷한 것으로 밝혀졌다. 그 문제가 재판에 회부되었을 때 법원에서는 해리슨에게 표절 판결을 내렸지만, 판결문에는 깊은 심리학적 통찰과 연민이 스며 있다. 재판관은 다음과 같은 결론을 내렸다.

해리슨이 〈히스 소 파인〉을 고의로 사용했을까? 나는 그렇지 않다고 믿는다. 그럼에도 불구하고, 그의 행위는 법률에 따라 저작권 침해에 해당된다. 아무리 부의식적으로 저질렀더라도 표절은 표절이다.

헬렌 켈러Helen Keller도 겨우 열두 살 때 표절 혐의로 고소되었다.♦ 어린 나이에 귀와 눈이 멀었고, 여섯 살 때 애니 설리번Annie Sullivan을 만날 때까지는 말도 잘 못했지만, 일단 지문자finger spelling와 점자를 배우고 나서는 다작 작가로 거듭났다. 많은 작품을 썼지만, 그중에서 세간의 큰 주목을 받은 것은 친구에게 생일 선물로 준 〈서리왕The Frost King〉이다. 그 책의 줄거리가 잡지에 실리자, 독자들은 곧 마거릿 캔비Margaret Canby가 쓴 어린이 단편소설 〈서리요정The Frost Fairies〉과 매우 비슷하다는 걸 알게 되었다. 그러자 켈러에 대한 칭찬은 저주

♦ 도로시 허먼Dorothy Herrmann은 자신이 쓴 헬렌 켈러 전기에서, 이 에피소드를 공감적인 시선으로 자세히 서술하고 있다.

로 돌변했고, 그녀는 캔비의 소설을 읽은 기억이 전혀 없음에도 불구하고 '표절과 의도적인 거짓말' 혐의로 고소당했다(그녀는 나중에, 누군가가 지문자를 이용하여 손바닥에 알파벳을 쓰는 방법으로 그 책을 읽어 줬음을 깨달았다). 어린 켈러는 잔인하고 포악한 심문을 받아 평생 동안 지워지지 않는 마음의 상처를 받았다.

그러나 켈러에게는 응원군도 있었는데, 그중에는 표절의 피해자인 마거릿 캔비도 포함되어 있었다. 그녀는 3년 전 켈러의 손바닥에 적힌 글씨들이 그렇게 자세히 기억되고 재구성되었다는 사실을 알고 놀랐다. 캔비는 이렇게 썼다. "재능 있는 어린이의 활동력과 기억력은 얼마나 경이로운가!" 알렉산더 그레이엄 벨Alexander Graham Bell도 켈러의 편에 서서 이렇게 옹호했다. "가장 독창적인 작품은 오로지 타인이 사용했던 표현으로만 구성된다."

켈러는 나중에 타인의 아이디어 차용借用에 대한 자신의 소신을 밝혔다. "책의 내용이 지문자를 통해 내 손바닥에 적히면, 단어들이 내 마음속에 수동적으로 입력되며 차용이 일어난다. 그러한 차용이 일어날 때, 아이디어의 출처가 외부인지 내부인지 판단하거나 기억할 수 없다. 그러나 내가 점자를 이용하여 손가락으로 책을 더듬으며 독서를 할 때는 다르다. 그럴 때는 단어들이 내 마음속에 능동적으로 입력되므로 혼동이 거의 일어나지 않는다."

마크 트웨인Mark Twain은 켈러에게 쓴 편지에서 이렇게 격려했다.

오, 저런! 표절이라는 게 얼마나 웃기고, 멍청하고, 괴상망측한 코미디란 말인가! 그런 식으로 따지면, 모든 인간의 표현은 말이 됐든 글이 됐든 전부 다 표절인 것을. 왜냐하면 모든 아이디어는 의식하든 의식하지 않든 100만 개의 외부 출처에서 유래하므로, 사실상 간접적이인 표절이라 할 수 있어.

사실 올리버 웬델 홈스Oliver Wendell Holmes의 일흔 번째 생일파티에서 연설할 때 밝힌 것처럼, 트웨인 역시 무의식적인 문학적 절도 행위를 무수히 저질렀다.

내가 뭔가를 훔친 문학가 중에서 가장 위대한 사람은 올리버 웬델이오. 내가 그와 서로 글을 주고받는 사이가 된 것도 다 그 때문이오. 나의 신작이 나온 지 얼마 안 되어 한 친구가 내게 이렇게 말했소. "헌사獻辭가 매우 깔끔하군." 내가 이렇게 대답했소. "그래, 나도 그렇게 생각한다네." 그러자 내 친구가 말했소. "나는 늘 그것을 찬양했다네. 《철부지의 해외여행기The Innocents Abroad》에서 그걸 보기 전까지만 해도."

나는 당연히 이렇게 말했소. "그게 무슨 뜻이야, 내가 똑같은 내용을 재탕 삼탕 했다고?"

"음, 내가 그걸 맨 처음 본 건 몇 년 전 홈스 박사가 쓴 《다양한 조調의 노래들Songs in Many Keys》에서였어."

물론 그 순간, 내 눈에는 불똥이 튀었소. 나는 그 친구의 장례식을 치르기 위해 유품을 준비하고 싶은 충동이 일었소. 그러나 그에게 잠시 동안 은혜를 베풀어 자신의 주장을 증명할 수 있는 기회를 주기로 했소. 우리는 한 서점으로 들어갔고, 그는 현장에서 자신의 주장을 입증하는 물증을 들이댔소. 내가 홈스 박사의 헌사를 거의 그대로 베꼈다는 것은 명명백백한 사실이었소.

나는 즉시 홈스 박사에게 '문학적 절도를 저지를 의도는 추호도 없었다'는 내용의 편지를 썼고, 그는 친절하게도 '아무런 피해도 입지 않았으니, 난 괜찮다'는 답장을 보내왔소. 그리고 그것도 모자라, '누구나 책을 읽거나 연설을 듣다가 얻은 저자의 아이디어를 무의식적으로 차용하고는, 그게 자신의 독창적 아이디어라고 믿는다'라는 말까지 덧붙였소.

홈스 박사는 진실을 이야기했소. 그것도 아주 유쾌한 방식으로. 나는 그의 편지 덕분에, 범죄를 저지른 것을 오히려 기쁘게 생각했소. 나는 나중에 그를 방문하여 허심탄회하게 아이디어를 교환했고, 나의 아이디어는 그의 시를 위한 원형질protoplasm이 되었소. 그는 내게 악의가 없음을 알게 되었고, 우리는 그 이후로 매우 사이좋게 지내고 있소.

◆

새뮤얼 테일러 콜리지Samuel Taylor Coleridge를 둘러싼 표절, 의역paraphrase, 잠재기억, 차용 등의 의문은 거의 2세기 동안 학자와 전기 작가들의 흥미를 끌었고, 오늘날 그는 엄청난 기억력, 천재적 상상력, 복잡하고 다형적이고 때로는 고뇌에 찬 자의식이라는 관점에서 특별한 관심을 끌고 있다. 리처드 홈스Richard Holmes가 쓴 두 권짜리 전기만큼 콜리지를 아름답게 서술한 것은 없다.

콜리지는 게걸스러운 잡식성 독자로, 자신이 읽은 책의 내용을 모두 간직하고 있는 것 같았다. 혹자는 그를 일컬어 "〈더 타임스〉를 쓱 훑어본 후, 광고까지 포함하여 전체 내용을 한 글자도 빼놓지 않고 읊어대는 학생"이라고 했다. 홈스는 이렇게 적었다. "청년 콜리지의 재능은 무궁무진했지만, 그중 몇 가지 예를 들면 엄청난 독서량, 뛰어난 기억력, 다른 사람들의 아이디어를 소화하여 자기 것으로 만드는 말재주, 언제 어디서든 재료를 수집하여 강의와 설교에 활용하는 본능적 감각을 들 수 있다."

17세기에는 문학적 차용literary borrowing이 다반사였다. 셰익스피어Shakespeare는 많은 동시대인들의 아이디어를 자유자재로 차용했는데, 그런 점에서는 밀턴Milton도 마찬가지였다. 18세기에도 우호적인 차용은 여전히 흔해서, 콜리지, 워즈워스Wordsworth, 사우디Southey는 상호 간에 아이디어를 차용했다. 홈스에 의하면, 심지어 상대방의 이름으로 출간된 책에 자신의 글을 싣는 일도 있었다고 한다.

그러나 젊은 콜리지가 으레 자연스럽고 장난스럽게 했던 행동들은 점점 더 불안감을 조성하는 양상을 띠어갔다. 특히 그가 발견하고 높이 평가하여 영어로 번역한 독일철학(그중에서도 프리드리히 셸링Friedrich Schelling의 철학)의 경우가 그러했다. 콜리지가 쓴《문학 전기Biographia Literaria》에는 승인받지 않은 셸링의 구절들이 축어적verbatim으로 빼곡히 적혀 있다. 이처럼 노골적이고 유해한 행동은 문학적 도벽literary kleptomania으로 쉽게 분류되었지만, 실제로 진행된 과정은 복잡하고 불가사의한 측면이 많았다. 홈스는 콜리지의 전기 2판에서, "콜리지의 표절 중에서 가장 노골적인 것들은 인생의 매우 어려운 시기(즉, 워즈워스에게 버림받고, 깊은 불안과 지적知的 자기 의심에 시달리고, 과거 어느 때보다도 아편에 탐닉했던 시기)에 **나타났다**"고 서술했다. 홈스의 말은 다음과 같이 계속된다. "그 당시 독일의 저자들은 콜리지를 지지하고 위로하는 버팀목이었다. 그가 종종 사용했던 은유법에서, 그는 참나무를 에워싼 담쟁이덩굴처럼 독일의 철학자들을 휘감고 있는 것으로 그려졌다."

홈스에 따르면, 콜리지는 그 이전에 독일의 작가 잔 파울 리히터Jean Paul Richter에게 크게 이끌렸었다고 한다. 그는 리히터의 작품을 번역한 후 그것을 자기 나름의 방식으로 다듬었으며, 자신의 노트 속에서 리히터와 대화를 나누며 의사소통을 했다. 두 사람의 음성은 종종 완전히 뒤섞여, 누가 누구인지를 거의 구별할 수 없을 정도였다.

◆

1996년 나는 탁월한 극작가 브라이언 프리엘Brian Friel의 신작 희곡《몰리 스위니Molly Sweeney》를 읽었다. 주인공 몰리는 맹인으로 태어났지만, 중년이 되어 개안수술을 받았다. 그녀는 수술을 받은 후 시야가 선명해졌지만 아무것도 인식할 수 없었다. 뇌가 보는 방법을 학습하지 않아 시각인식불능증visual agnosia에 걸린 것이다. 그녀는 이를 놀랍고 기이하게 여기다, 다시 시력을 잃고 나서야 평온을 되찾았다. 나는 그런 희곡이 있음을 알고 소스라치게 놀랐다. 왜냐하면 불과 3년 전 〈뉴요커〉에 매우 비슷한 스토리가 담긴 에세이를 기고한 바 있었기 때문이다.◆ 그런데 알고 보니 주제만 비슷한 게 아니라, 문장과 구절이 여럿 겹치는 게 아닌가! 그래서 프리엘에게 연락하여 도대체 어떻게 된 일이냐고 따지니, 자기는 그런 에세이가 있는지도 몰랐다는 답변이 돌아왔다. 그러나 내가 상세한 비교분석 자료를 보내자, 그제서야 내 글을 읽었지만 그 사실을 까맣게 잊었음을 깨달았노라고 실토했다. 그는 자신의 아이디어와 타인의 아이디어를 혼동하고 있었다. 즉, 내가 〈뉴요커〉에 기고한 에세이를 읽고 힌트를 얻었음에도 불구하고, 《몰리 스위니》의 주제와 문구들이 전적으로 자신의 머리에서 나온 거라고 믿고 있었던 것이다. 그는 이렇게 해명했다. "왜 그런지는 모르겠지만, 나는 무의식 중에 당신의 언어를 상당 부분 내재화함으로써 나만의 것으로 여기게 된 것 같아요." 그는 희곡의 말미에 감사의 글을 첨부하겠노라고 약속했다.

◆

프로이트는 일상생활에서 일어나는 기억력 저하 및 오류, 그리고 그것과 감정(특히 무의식적 감정)과의 관련성에 흥미를 느꼈다. 그러나 그는 일부 환자들이 보인 심각한 기억 왜곡memory distortion도 고려하지 않을 수 없었는데, 그러한 왜곡은 그들이 유년 시절에 성적 유혹이나 학대를 받았노라고 진술할 때 특히 심하게 나타났다. 프로이트는 처음에 환자들의 말을 액면 그대로 받아들였지만, 나중에는 증거나 타당성이 부족해 보이는 사례를 여러 건 발견했다. 그래서

◆ 이 에세이의 제목은 〈보는 것과 보지 않는 것〉이며, 얼마 후 나의 책 《화성의 인류학자》에 실렸다.

프로이트는 이런 생각을 품기 시작했다. "판타지가 그들의 회상을 왜곡시킨 게 아닐까? 어떤 판타지는 완전한 허구일 수도 있지만, 아무리 무의식적이라도 설득력 있게 구성되면 환자들은 그것을 절대적으로 신뢰하게 된다." 환자가 타인이나 자기 자신에게 말하는 스토리는, 설사 거짓이라고 해도 그들의 삶에 강력한 영향을 미친다. 실제 경험에서 유래하든 판타지에서 유래하든, 환자들의 심리적 현실psychological reality은 똑같다는 것이 프로이트의 생각이었다.

빈야민 빌코미르스키Benjamin Wilkomirski는 1995년에 발간한《미완의 유고Fragments》라는 비망록에서 폴란드계 유대인을 자처하며, 자신이 유년기에 경험한 다년간의 집단수용소에서의 공포와 위험에서 살아남은 과정을 기술했다. 그 책은 걸작으로서 대호평을 받았지만, 몇 년 후 진실이 밝혀졌다. 빌코미르스키는 폴란드가 아니라 스위스에서 태어났고, 유대인도 아니었을 뿐더러, 수용소에 단 한 번도 가본 적이 없었던 것이다. 결국 그 책은 허구적 판타지의 연장이었다(엘레나 래핀Elena Lappin은 1999년 〈그란타〉에 기고한 에세이를 통해 사건의 전모를 밝혔다).

세상 사람들은 그를 사기꾼이라며 격렬하게 비난했지만, 면밀한 조사 결과 빌코미르스키는 독자들을 기만할 의도가 전혀 없었으며, 애당초 그 책이 출판되기를 원하지도 않았던 것으로 드러났다. 그는 수년 동안 자신만의 프로젝트에 몰두해왔는데, 그 내용인즉 일곱 살의 나이에 어머니에게 버림받은 데 대한 반작용으로 어린 시절을 낭만적으로 재창조하는 것이었다.

들자 하니 빌코미르스키의 1차적 의도는 판타지를 통해 자기

오류를 범하기 쉬운 기억

자신을 기만하는 것이었다. 그러나 실제로 역사적 현실에 직면했을 때 그는 당황스럽고 혼란스러운 반응을 보였다. 그즈음, 그는 자신이 만든 허구 속에서 완전히 길을 잃고 헤매고 있었던 것이다.

◆

기억의 많은 부분이 소위 복구된 기억recovered memory으로 이루어져 있다. 트라우마가 너무 강한 경험의 기억은 방어적으로 억압되었다가, 후에 치료를 통해 억압에서 벗어남으로써 복구된다. 어둡고 기상천외한 복구 기억의 형태에는 이런저런 종류의 악마의식satanic ritual이 포함되는데, 그런 의식에 종종 강압적인 성행위가 수반된다는 게 알려져 비난에 휩싸이는 바람에 숱한 환자와 가족들의 삶이 파괴됐다. 그러나 최소한 몇 건의 사례보고에 따르면, 인위적인 기억들이 타인에 의해 암시되거나 은연중에 주입되는 것으로 보인다. 최면에 걸리기 쉬운 증인(종종 어린이)과 권위 있는 인물(아마도 치료자, 교사, 사회활동가, 조사자)이 결합될 경우 강력한 힘을 발휘할 수 있다.

종교재판과 세일럼 마녀재판◆에서부터 1930년대의 소비에트 재판과 아부그라이브◆◆에 이르기까지, 종교적·정치적 고백을 이끌

◆ 1692년 미국 세일럼 빌리지Salem Villages에서 일어난 마녀재판 사건으로, 5월부터 10월까지 185명이 체포되고 19명이 처형되는 등 25명이 목숨을 잃었다. 인간의 집단적 광기를 상징하는 사건으로 문학작품과 영화 등의 소재로 널리 쓰였다. (옮긴이)
◆◆ 이라크의 수도 바그다드에서 서쪽으로 32km 지점에 있는 이라크 최대의 정치범 수용소. (옮긴이)

어내기 위해 극단적 심문, 신체적·정신적 고문 등의 다양한 수단들이 사용되었다. 그런 심문들은 1차적으로 정보 수집을 위해 설계되었지만, 좀 더 근본적인 의도는 세뇌, 정신개조, 또는 자책감 유도일 수도 있다(이와 관련하여 조지 오웰의 《1984》만큼 적절한 우화는 없다. 그 소설에서, 윈스턴은 견디기 힘든 압력에 결국 굴복하여 줄리아, 자기 자신과 자신의 이상, 심지어 기억과 판단력까지도 배반하고 빅 브라더를 사랑하게 되는 것으로 막을 내린다).

그러나 사람의 기억에 영향을 미치기 위해 반드시 거대하거나 강압적인 시도가 필요한 것은 아니다. 증인의 증언은 암시와 오류에 취약한 것으로 악명 높으며, 종종 잘못 기소된 사람들에게 끔찍한 결과를 초래한다. 오늘날에는 DNA 검사를 이용하여 그런 증언의 진위를 객관적으로 확인하거나 반박할 수 있는 경우가 많다. 그리고 샥터에 따르면, DNA 검사를 통해 억울한 옥살이를 하고 있는 것으로 밝혀진 40건의 사례 중에서, 36건(90퍼센트)이 증인의 잘못된 증언에서 비롯되었다고 한다.♦

최근 수십 년 동안 애매한 기억과 정체성혼미증후군identity diffusion syndrome이 급증하거나 재등장함에 따라, 기억의 가변성 malleability에 대한 법의학적·이론적·실험적 연구가 발달하게 되었다. 심리학자이자 인간 기억 전문가인 엘리자베스 로프터스Elizabeth

---

♦　〈누명 쓴 사나이The Wrong Man〉는 히치콕이 만든 영화 중에서 유일한 논픽션 영화로, 증인의 증언에 근거한 오판이 얼마나 끔찍한 결과를 초래하는지를 잘 보여주고 있다. 이 영화에서 큰 비중을 차지하는 요인은 유도 심문과 우연의 일치다.

Loftus는 "참가자에게 '당신은 허구적 사건을 경험했다'고 암시함으로써 거짓 기억을 이식하는 데 성공했다"고 보고하여 세상을 뒤숭숭하게 했다. 그런 의사사건pseudo-event들은 심리학자들이 고안한 것으로, 웃기는 해프닝에서부터 약간 황당한 사건(예를 들어, 어린 시절 쇼핑몰에서 길을 잃었음), 좀 더 심각한 사건(예를 들어, 동물이나 다른 어린이에게 공격을 받았음)에 이르기까지 다양하다. 암시를 받은 사람은 처음에는 "난 쇼핑몰에서 길을 잃은 적이 없는데"라고 회의를 품다가, 뒤이어 불확실성에 빠지고, 결국에는 완전한 확신에 이르렀다. 그리하여 심지어 실험자가 '애초에 그런 일은 일어나지 않았다'고 공언한 후에도, 이식된 기억의 진실성을 계속 고집하게 되었다.

로프터스가 제시한 사례에서 분명한 것은 "상상 또는 현실 속의 아동학대가 됐든, 진짜 기억 또는 실험적으로 이식된 기억이 됐든, 오도된 증인 또는 세뇌된 죄수가 됐든, 무의식적인 표절이 됐든, 오귀속misattribution이나 출처 혼동에서 유래하는 거짓 기억이 됐든, 외부의 확인outside confirmation이 없을 경우 '진짜 기억(또는 아이디어)으로 느껴지는 것'과 '차용되거나 암시된 기억(또는 아이디어)'을 쉽사리 구별할 방법이 없다"는 것이다. 도널드 스펜스Donald Spence는 이를 '역사적 진실historical truth과 서사적 진실narrative truth 간의 딜레마'라고 불렀다.

나는 형의 도움을 받아 소이탄에 관한 거짓 기억의 원인을 밝힐 수 있었으며, 로프터스도 대상자들에게 그들의 기억이 이식되었음을 공언함으로써 오해의 소지를 없애려고 했다. 그러나 설사 거짓 기억의 근본적인 메커니즘이 밝혀진다고 해도, 그런 기억이 갖고 있는 현실감이 바뀌는 것은 아니다. 게다가 특정 기억이 명백히 모순되거나 터무니없다고 해도 확신감이나 신뢰감이 변하지 않을 수도 있다. 예컨대, 외계인에게 납치되었던 적이 있다고 주장하는 사람들은 경험담을 이야기할 때 대부분 거짓말을 하지 않고, 그 이야기를 꾸며 냈다고 의식하지도 않으며, 그게 실제로 일어났던 일이라고 진심으로 믿는다(나는《환각Hallucinations》에서, 감각차단sensory deprivation이나 탈진이나 다양한 질병 등의 이유로 인해 환각이 현실로 받아들여질 수 있음을 설명했다. 그 이유는, 환각(거짓 지각)과 실제 지각이 부분적으로 동일한 감각 경로를 사용하기 때문이다).

일단 하나의 스토리나 기억이 구성되고 생생한 감각적 심상sensory imagery과 강력한 감정이 동반되면, 내적·심리적 방법inner, psychological way은 물론 외적·신경학적 방법outer, neurological way으로도 진실과 거짓을 구별할 수가 없다. 일반적으로 기억의 생리적 연관성은 fMRI를 이용하여 조사될 수 있으며, 촬영된 뇌영상을 살펴보면 생생한 기억이 감각영역, 감정영역(변연계), 실행영역(전두엽)을 광범위하게 활성화시키는 것을 알 수 있다. 하지만 그러면 뭐 하나? 어떤 기억이 실제 경험에 근거하든 말든, 활성화 패턴은 사실상 똑같이 나타나는데.

우리의 정신이나 뇌 속에 기억의 진실성(또는, 최소한 기억에 등장하는 인물의 실존 여부)을 확인하는 메커니즘은 없는 것 같다. 우리는 역사적 진실에 직접 접근할 수 없으며, 진실에 대한 느낌이나 주장은 감각과 상상력에 동일하게 의존한다. 헬렌 켈러가 그랬던 것처럼 말이다. 세상에서 일어나는 사건을 뇌에 직접 전달하거나 기록할 방법은 없으며, 고도의 주관적 방법으로 여과하여 재구성할 수밖에 없다. 그런데 사람마다 여과 및 재구성 방법이 다르고, 한 사람을 놓고 보더라도 나중에 회상할 때마다 재여과되고 재해석되기 일쑤다. 그러니 우리가 가진 것이라곤 서사적 진실밖에 없고, 우리가 타인이나 자신에게 들려주는 스토리는 지속적으로 재범주화되고 다듬어진다. 기억의 본질 속에는 이러한 주관성이 내장되어 있으며, 주관성이란 우리가 보유하고 있는 뇌의 토대와 메커니즘에서 유래한다. 그럼에도 불구하고 중대한 착오는 비교적 드물고, 우리의 기억은 대부분 굳건하고 신뢰할 만하다니 참으로 경이로운 일이다.

인간의 기억은 오류를 범할 수 있고 취약하며 불완전하지만, 굉장히 유연하고 창의적이다. 출처에 대한 혼동과 무차별성은 역설적으로 큰 힘을 발휘한다. 어디 한번 생각해보라! 만약 모든 지식에 출처가 표시된 꼬리표가 붙어 있다면, 우리는 종종 엄청난 양의 부적절한 정보에 압도당할 것이다. 출처에 무관심한 우리의 뇌는 '우리가 읽고 들은 것'과 '타인들이 말하고 생각하고 쓰고 그린 것'을 통합하여, 마치 1차기억인 것처럼 강렬하고 풍부하게 만든다. 덕분에 우리는 타인의 눈과 귀로 보고 들을 수 있고, 타인의 마음속에 들어갈 수도 있으며, 예술, 과학, 종교가 포함된 문화를 완전히 이해할 수 있다. 그리하여 우리는 공동정신common mind에 참여하고 기여함으로써 보편적인 지식연방commonwealth of knowledge을 구성하게 된다. 기억은 개인의 경험뿐만이 아니라 많은 개인들 간의 교류를 통해 형성되는 것이기 때문이다.

잘못 듣기

몇 주 전 친구[*] 케이트에게 "성가대 연습choir practice('콰이어 프랙티스') 하러 갈게요"라는 이야기를 듣고 나는 깜짝 놀랐다. 장담하건대 우리가 서로 알고 지낸 30년 동안, 그녀는 노래에 관심이 있다는 티를 낸 적이 없었기 때문이다. 그러나 나는 다양한 가능성을 생각했다. '그녀는 노래를 좀 하는 편이지만, 늘 그렇듯 내숭을 떨었을 거야.' '아니야, 어쩌면 노래에 새로 관심을 갖게 되었는지도 몰라.' '혹시 알아? 그녀의 아들이 성가대원이었을지.' 의문은 꼬리에 꼬리를 물고 이어졌다.

나는 수많은 가설을 세웠지만, 잘못 들었을 거라는 생각은 단 한 번도 해보지 않았다. 그녀가 다시 나를 찾아왔을 때, 비로소 척추

---

[*] 올리버 색스가 〈뉴욕타임스〉에 기고한 글에는 '친구'가 아니라 '비서'라고 적혀 있다. (옮긴이)

지압사chiropractor('카이어로프랙터')에게 갔었다는 사실을 알게 되었다.

그로부터 며칠 후, 케이트는 농담조로 말했다. "성가대 연습('콰이어 프랙티스') 하러 갈게요." 나는 이번에도 적잖이 당황했다. '뭐, 폭죽firecrackers('파이어크래커스')이라고? 이 친구가 왜 이러지?'

나는 청력이 점점 더 저하되면서 사람들의 말을 잘못 듣는 빈도가 높아졌지만, 그날그날 횟수가 들쭉날쭉해서 예측이 거의 불가능했다. 하루에 스무 번일 때도 있고 전혀 없을 때도 있었기 때문이다. 나는 작고 빨간 노트의 표지에 '청각이상paracusis'이라는 제목을 큼직하게 쓰고, 일지를 꼼꼼하게 작성하기 시작했다. 먼저 왼쪽 페이지에는 빨간 글씨로 '내가 들은 말'을 섞었다. 그리고 오른쪽 페이지에는 녹색 글씨로 '사람들이 한 말'을 적고, 자주색 글씨로 '잘못 들은 원인에 대한 가설'과 '사람들의 반응'을 적었다. 나의 가설은 설득력이 떨어지기 일쑤였지만, 나를 둘러싸고 종종 벌어지는 '본질적으로 터무니없는 현상'을 이해하기 위한 시도였다.

1901년 프로이트의 《일상생활의 정신병리학》이 발간된 이후, 잘못 듣기는 잘못 읽기, 잘못 발음하기, 잘못 행동하기, 말실수 등과 함께 프로이트적 실수Freudian slip, 즉 '깊이 억눌린 감정과 갈등의 표출'로 간주되었다. 세상에는 (독자의 얼굴을 붉히게 할 정도여서) 출판에 부적절한 잘못 듣기 사례가 수두룩하지만, 대다수의 사람들은 자신의 사례에 대한 프로이트적 해석을 일절 인정하지 않는다. 그러나 나의 잘못 듣기에는 거의 예외 없이 공통점이 하나 있는데, 그것은 '사람들이 한 말'과 '내가 들은 말' 사이에 전반적인 소리overall sound 와 음향 형태acoustic gestalt의 유사성이 존재한다는 것이다. 잘못 듣기는 음운체계 면에서는 비슷하지만 무의미하거나 터무니없는 소리 형태가 말의 의미를 장악하기 십상이다. 구문은 늘 유지되지만 의사소통에 하등의 도움이 되지 않으며, 설사 문장의 전반적 형태가 유지되더라도 의미가 없거나 황당무계하기는 마찬가지다.

설상가상으로, 말하는 이의 불분명한 발음, 독특한 억양, 전달력 부족은 듣는 이의 인식을 오도하는 데 기여하는 요인이 될 수 있다. 대부분의 잘못 듣기는 하나의 단어를 터무니없거나 맥락에 맞지 않는 단어로 바꾸는 게 보통이지만, 간혹 듣는 이의 뇌는 뜬금없이 신조어neologism를 떠올리기도 한다. 한 친구가 전화에서 "내 아이가 아파"라고 했는데, 나는 톤슬라이티스tonsillitis(편도선염)을 폰틀라이티스pontillitis로 잘못 듣고 어리둥절했다. '혹시 특이한 임상증후군인가?'라든지 '내가 전혀 들어본 적이 없는 염증인가?'라는 생각은 했어도, 내가 있지도 않은 용어를 만들어냈을 거라는 생각은 미처 하지 못했다. 실제로 '폰틀라이티스'라는 증상은 존재하지 않는다.

모든 잘못 듣기는 '신기한 칵테일'과 같아서, 100번째의 잘못 듣기라 하더라도 첫 번째만큼이나 신선하고 놀랍다. 나는 종종 이상하리만큼 느리게 내 실수를 알아차리고, 곧바로 실수를 인정해야 하는 경우에도 어떻게든 그 이유를 해명할 요량으로 머리를 이리저리 굴린다. 만약 잘못 들은 결과가 공교롭게도 말이 된다면, 나는 귀를 의심하지 않고 그냥 넘어갈 것이다. '뭔가 잘못된 게 분명해'라고 생각하고 상대방에게 (약간 당황한 표정으로) 되묻는 경우는 두 가지다. 하나는 말이 안 되는 경우이고, 다른 하나는 말은 되지만 맥락을 완전히 벗어난 경우이다.

케이트에게 성가대 연습하러 간다는 이야기를 들었을 때, 나는 그녀가 성가대 연습에 능히 참여할 수 있다고 생각했다. 그러나 어느 날 한 친구에게 "업계 최고의 갑오징어a big-time cuttlefish가 루게릭병으로 진단받았어"라는 이야기를 들었을 때, 나는 잘못 들은 게 분명하다고 느꼈다. 두족류cephalopod가 정교한 신경계를 갖고 있는 건 사실이므로, 나는 순간적으로 갑오징어가 루게릭병으로 진단받지 말란 법은 없다고 생각했다. 그러나 '업계 최고'라는 말이 우스꽝스러웠다(나중에 안 사실이지만, 그가 말한 건 업계 최고의 갑오징어a big-time cuttlefish가 아니라 업계 최고의 홍보전문가a big-time publicist였다).

잘못 듣기가 별로 재미없어 보일지 모르지만, 지각의 본질을 이해하는 데 뜻하지 않게 한 줄기 빛을 던질 수 있다. 특히 언어의 지각이 그렇다. 무엇보다 중요한 것은, 잘못 들린 소리 자체는 '엉망진창 뒤섞인 소리 덩어리'가 아니라, '또박또박 연결된 단어나 구절'이라는 것이다. 다시 말해, 우리는 '듣지 못하는 것'이 아니라 '잘못 듣는 것'이다.

잘못 듣기는 환청이 아니지만, 환청과 마찬가지로 통상적인 지각경로를 사용하므로 실제 소리처럼 들린다(단, 잘못 들은 내용을 의심하는 사람에게는 이런 현상이 나타나지 않는다). 게다가 우리의 지각은 모두 뇌에 의해 구성되며, 우리의 뇌는 종종 빈약하고 애매한 감각 데이터를 사용하므로, 오류나 속임수의 가능성이 상존한다. 사실 지각이 순식간에 구성된다는 점을 감안할 때, 우리의 지각이 상당히 정확하다는 것은 기적에 가깝다.

우리의 환경, 소망, 기대, 의식, 무의식이 잘못 듣기의 공범인 것은 분명하지만, 잘못 듣기의 실질적인 주범은 좀 더 낮은 수준, 즉 음운분석과 판독을 담당하는 뇌 영역에 존재한다. 만약 귀에서 왜곡되거나 불충분한 신호가 접수되면, 이 영역에서는 어떻게 해서든지 실질적인 단어나 구절을 구성하려고 노력한다. 설사 내용 면에서는 터무니없는 말이 되더라도 말이다.

나는 종종 상대방의 말을 잘못 듣지만, 음악을 잘못 듣는 경우는 거의 없다. 음악의 음정, 멜로디, 하모니, 악구樂句는 일생 동안 또렷하고 풍성하게 내 마음속에 남아 있다. 비록 가사를 잘못 듣는 경우는 종종 있지만 말이다. 인간의 청각이 불완전함에도 불구하고, 뇌가 전혀 동요하지 않고 음악을 잘 처리하는 데는 뭔가 비밀이 있는 게 틀림없다(음악이 영원한 인기를 누리는 것도 아마 그 때문일 것이다). 그와 반대로, 언어가 결핍이나 왜곡에 그토록 취약한 데도 필시 무슨 이유가 있을 것이다.

적어도 악보화된 전통음악의 경우, 음악을 연주하거나 감상하는 데는 음조tone와 리듬의 분석을 담당하는 뇌 영역뿐만 아니라 절차기억procedural memory◆과 감정을 담당하는 중추가 관여한다. 그러므로 음악은 우리의 기억 속에 저장되며 예측을 허용한다.

그러나 언어는 그 밖의 다른 뇌 영역에 의해 해독되어야 하는데, 의미기억semantic memory◆◆과 구문을 담당하는 영역이 바로 그것이

◆ 인지심리학자들은 장기기억을 일화기억, 의미기억, 절차기억의 세 가지로 구분하는데, 이 중 하나인 절차기억은 어떤 과제를 해결하거나 행동을 수행하는 데 요구되는 일련의 지식이나 기능에 대한 기억을 의미한다. (옮긴이)

다. 언어는 창의적이고 개방적이고 즉흥적이며, 애매성이 높고 의미가 풍부하다. 따라서 언어는 예측을 불허할 정도로 자유롭고 거의 무한히 유연하며 적응적이지만, 잘못 듣기에 취약하다는 단점이 있다.

그렇다면 실수와 잘못 듣기에 대한 프로이트의 설명은 완전히 틀린 것일까? 물론 그렇지는 않다. 그는 의식 속에 존재하지 않는(또는 의식에서 밀려난) 소망, 공포, 동기, 갈등을 기본적으로 고려해야 한다고 강조하며, 이러한 것들이 말실수, 잘못 듣기, 잘못 읽기를 초래했다고 주장했다. 그러나 그는 오지각misperception이 무의식적 동기부여의 결과라는 점을 지나치게 고집한 것 같다.

지난 몇 년 동안 뚜렷한 선정 기준이나 편견 없이 잘못 듣기의 사례들을 수집하다 보니, 나는 이런 생각을 하게 되었다. "프로이트는 신경 메커니즘의 위력을 과소평가했구나. 신경 메커니즘은 '개방적이고 예측 불가능한 언어의 본질'과 결합하여 의미를 뒤죽박죽으로 만듦으로써, 맥락에도 맞지 않고 잠재적 동기부여와도 무관한 잘못 듣기를 초래하는데도 말이다."

그러나 잘못 듣기라는 즉흥적 발명품에는 이따금씩 일종의 스타일이나 재치가 가미되는데, 여기에는 듣는 사람의 관심사와 경험이 어느 정도 반영된다. 그래서 나는 잘못 듣기를 부끄러워하거나 불편해하기보다 오히려 즐기는 편이다. 최소한 나의 귀에는 '암cancer의 병력'이 '칸토어Cantor의 경력'으로(칸토어는 내가 좋아하는 수학

◆◆　의미기억이란 세상의 다양한 대상, 사물 또는 현상에 관하여 일반적인 지식 형태로 저장되어 있는 기억을 지칭한다. (옮긴이)

자 중 한 명이다), 타로카드tarot card가 익족류pteropod로, 장바구니grocery bag가 시집 든 가방poetry bag으로, 실무율all-or-noneness이 구강마비oral numbness로, 현관porch이 포르셰Porsche로, 크리스마스 이브Christmas Eve라는 단순한 멘트가 "내 발에 키스해줘요Kiss my feet!"라는 요구로 들릴 수 있다.

모방과 창조

모든 어린이들은 놀이에 열중한다. 그들이 노는 모습을 보면, 반복적이고 모방을 잘하는 동시에 탐구적이고 혁신적이다. 그들은 익숙한 것뿐 아니라 특이한 것에도 이끌린다. 때로는 안전하고 일상적인 놀이에 빠져 곁눈질도 안 하지만, 때로는 새롭고 경험해보지 못한 것을 탐구하기도 한다. 어린이들은 기본적으로 지식과 이해, 정신적 자양분과 자극을 갈망한다. 따라서 어른들은 그들에게 이래라저래라 간섭하거나 동기부여를 한답시고 나설 필요가 없다. 왜냐하면 모든 창의적 활동이 그러하듯, 놀이는 그 자체가 깊은 즐거움을 선사하는 활동이기 때문이다.

어린이의 놀이를 가상놀이pretend play라고 하는데, 가상놀이란 어린이가 자신의 물리적 환경을 상징화하는 놀이를 말한다. 즉, 어떤 사물, 상황, 사건 등에 실제와 다른 가상적 의미를 부여하여 노는 것이다. 이때, 어린이는 현실과 가상세계의 차이를 알고 있으므로,

현실을 혼동하지는 않는다. 소꿉장난은 가상놀이의 대표적인 형태이다. 어린이는 가상놀이에서 혁신적인 충동과 모방적인 충동이 발동하여, 장난감, 인형, 또는 실물의 축소 모형을 이용하여 새로운 시나리오를 연기하거나 예행연습하고, 때로는 실물의 본래 기능을 재현하기도 한다. 어린이들은 내러티브에 이끌려, 타인의 스토리를 즐기거나 동경할 뿐만 아니라 자신의 스토리를 스스로 만들기도 한다. 스토리텔링과 신화 만들기는 인간의 본원적 활동으로, 세상을 이해하는 기본적인 방법이다.

지능, 상상력, 재능, 창의력은 지식과 기술이 뒷받침되지 않을 경우 아무런 성과도 거둘 수 없다. 그러므로 이를 위해 충분히 조직화되고 집중화된 교육이 필요하다. 그러나 너무 경직되고 형식적이고 내러티브가 결핍된 교육은, 소싯적에 능동적이고 탐구적이었던 어린이의 마음을 해칠 수 있다. 모든 어린이들의 욕구는 하나같이 매우 다양하므로, 교육은 체계와 자율성의 균형을 적절히 유지해야 한다. 어떤 어린이들의 마음은 훌륭한 교육을 통해 확장되고 활짝 꽃필 수 있다. 하지만 어떤 어린이들(가장 창의적인 어린이들 포함)은 공교육에 거부감을 느낄 수도 있다. 후자는 본질적으로 독학파여서, 왕성한 학습욕을 바탕으로 하여 스스로 탐구하기를 좋아한다. 대부분의 어린이들은 이 과정에서 많은 단계를 거치는데, 각 단계별로 다소간의 체계와 자율성이 필요하다.

다양한 모델들을 받아들여 모방하지만 창의성이 부족한 교육은, 어린이들의 미래에 암울한 그림자를 드리울 수 있다. 이를 보완할 수 있는 게 바로 미술, 음악, 영화, 문학 등의 예술이다. 이러한 장르들은 어린이들에게 팩트나 정보뿐만 아니라 교육의 기회도 제공하는데, 아널드 웨인스타인Arnold Weinstein은 이를 일컬어 "예술을 통해 타인의 삶을 간접경험 함으로써, 새로운 눈과 귀가 트인다"고 했다.

내 세대의 경우, 이 같은 간접경험은 주로 독서를 통해 이루어졌다. 수전 손택Susan Sontag은 2002년에 열린 한 콘퍼런스에서, 어린 시절 독서를 통해 세상 문이 활짝 열림으로써 상상력과 기억이 개인적 경험을 훌쩍 뛰어넘어 무한히 확장된 과정을 설명했다.

나는 대여섯 살 때, 이브 퀴리(퀴리 부인의 둘째 딸)가 쓴 어머니의 전기를 읽었다. 그리고 만화책, 사전, 백과사전을 닥치는 대로 읽으며 큰 즐거움을 느꼈다. 책을 많이 읽을수록 내가 더욱 강해지고 세상은 더욱 커진다는 느낌이 들었다. 나는 내가 놀라운 재능을 가진 학생이자, 독학파 어린이의 최고봉이라고 생각했다. 그럼 내가 처음부터 창의적이었을까? 천만의 말씀. 나는 태어날 때부터 창의적인 사람은 아니었다. 나는 뭘 창작하기보다는 남의 것을 닥치는 대로 흡수하여 통통 부을 지경이었다. 그렇다고 해서 내가 나중에 창의적인 사람이 될 수 없다고 생각하지는 않았다. 왜냐하면 모방은 창조의 어머니이기 때문이다. 나는 정신적인 대식가이자 여행가였다. 경제적으로 궁핍한 생활만 빼면, 나의 어린 시절은 황홀경에 빠진 삶이었다.

손택의 독서 편력에 대한 설명(그녀는 원초적 창의성에 대해서도 비슷한 설명을 했다)에서 특히 주목할 만한 것은 "엄청난 에너지, 열정, 열광, 사랑을 품은 어린 영혼들은 지적인 롤모델을 갈망하며, 그들을 모방함으로써 자신의 기술을 갈고닦는 경향이 있다"는 것이다.

그녀는 동서고금의 지식과 '인간 본성 및 경험의 다양성'에 관한 지식을 광범위하게 섭취했고, 이러한 지식들은 어느 순간부터 그녀로 하여금 자신만의 글을 쓰게 하는 원동력으로 작용했다.

나는 일곱 살 때쯤부터 글을 쓰기 시작했다. 여덟 살 때는 신문을 만들기 시작했는데, 소설과 시와 희곡과 기사를 빼곡하게 채워 이웃들에게 5센트씩 받고 팔곤 했다. 나는 그깟 일쯤은 지극히 평범하고 시시하다고 여겼다. 그도 그럴 것이, 내가 읽고 있는 글 중에서 감명 깊은 부분들을 모아 편집하면 그만이었기 때문이다. 물론 나에게도 롤모델은 있어서, 나는 훌륭한 인물들을 고이 모셔놓은 판테온pantheon을 상상하고 있었다. 예컨대 포Poe의 소설을 읽고 있었다면, 나는 포 스타일로 글을 썼다. 열 살이 되었을 때는 오랫동안 잊었던 카렐 차페크 Karel Čapek의 희곡《R.U.R.》이 내 손에 들어왔다. 그것은 로봇을 다룬 작품이었으므로, 나는 로봇에 관한 희곡을 썼다. 뭐 이런 식이었다. 그러니 나의 글은 전혀 새롭지 않고, 그저 대가의 글을 본떴을 뿐이었다. 나는 뭘 보든 사랑하게 되었고, 사랑하게 되면 모방하고 싶은 마음이 생겼다. 나와 같은 행동이 진정한 혁신이나 창의성으로 가는 왕도라고 할 수는 없다. 그렇다고 해서 그럴 가능성을 배제할 수도 없다. 왜냐하면 내가 그 증인이기 때문이다. 나는 열세 살 때 진정한 작가의 길을 걷기 시작했기 때문이다.

조숙했으며 엄청난 지성의 소유자인 손탁은 10대에 진정한 작가로 도약했다. 그러나 대부분의 사람들은 모방·수습생·학생 신분의 기간이 훨씬 더 오래 지속된다. 이 기간은 실습과 반복을 통해 자신의 능력과 자신의 목소리를 발견하고, 이를 바탕으로 하여 자신의 기량과 기술을 마스터하고 완성하는 시기다.

수습 기간이 끝났다고 해서 모두 장인이 되는 것은 아니다. 개중에는 기술적 숙련공 수준에 머물러 평생 동안 창의적인 장인이 되지 못하는 경우도 있다. 그리고 아무리 면발치에서 바라보더라도, '재능은 있지만 베끼는 데 급급한 숙련공'에서 '혁신적인 장인'으로 도약하는 시점을 판단하기는 어렵다. 모방과 창의력 사이의 어디쯤에 선을 그을 것인가? 창의적 동화同化, 차용과 경험의 완벽한 결합을 단순 모방과 구별하게 해주는 요인은 무엇일까?

◆

흉내mimicry라는 용어는 왠지 특정한 의도나 의식을 연상시키지만, 모방imitation, 공명echoing, 반영mirroring은 모든 사람과 많은 동물들에게서 볼 수 있는 보편적인 심리적·생리적 성향이다(오죽하면 앵무새짓parroting이나 유인원짓aping이라는 용어가 있겠는가). 만약 당신이 유아 앞에서 혀를 내민다면, 유아도 당신을 따라 혀를 내밀 것이다. 심지어 사지를 제대로 가누지 못하거나, 신체상body image◆이 완전히 형성되어 있지 않은 데도 말이다. 이러한 모방은 평생 동안 중요한 학습

◆ 체험을 통해 지니고 있는 자신의 신체에 대한 의식이나 심상心像. (옮긴이)

방법으로 이용된다.

멀린 도널드Merlin Donald는 《현대 정신의 기원Origins of the Modern Mind》에서, 모방문화mimetic culture를 문화와 인지능력 진화의 핵심 단계로 간주한다. 그는 흉내, 모방, 미메시스mimesis를 명확히 구분한다.

첫째, 흉내는 대상을 그대로 재현하는 것으로, 가능한 한 정확한 사본duplicate을 만들기 위한 시도다. 따라서 누군가의 얼굴 표정을 정확히 재현하거나 앵무새가 다른 새의 소리를 정확히 모사하는 것은 흉내에 해당한다. 둘째, 모방도 대상을 재현하지만, 똑같이 따라 하지는 않는다. 예컨대 부모의 행동을 따라 하는 자녀들은 모방을 하는 것이지 흉내를 내는 것은 아니다. 셋째, 미메시스는 모방에 표상representation◆이라는 차원을 첨가한다. 그리하여 흉내와 모방을 통합하여 새로운 차원으로 승화시키며, 하나의 사건이나 관계를 재현하는 동시에 표상한다.

도널드에 따르면 흉내는 많은 동물에서 볼 수 있고, 모방은 원숭이와 유인원에서 볼 수 있으며, 미메시스는 오직 인간에게서만 볼 수 있다. 그러나 이 세 가지는 인간의 활동 속에 공존하며 중첩될 수 있다. 예컨대 영화배우들의 연기나 뮤지션들의 연주에는 세 가지 요소가 모두 포함될 수 있다.

특정 신경질환의 경우에는 흉내와 재현의 힘이 과장되거나 덜

◆　감각을 통해 획득된 현상이 마음속에서 재생된 것. (옮긴이)

억제될 수 있다. 예컨대 투렛증후군, 자폐증, 전두엽 손상 환자들은 타인의 언행을 흉내 내는 불수의적 행동을 억제할 수 없다. 그들은 심지어 주변 환경에서 들리는 무의미한 소리를 흉내 내기도 한다. 나는《아내를 모자로 착각한 남자The Man Who Mistook His Wife for a Hat》에서 투렛증후군에 걸린 여성을 기술한 적이 있다. 그녀는 거리를 따라 걷다가 승용차의 '이빨 모양 라디에이터 그릴', 교수대와 비슷한 가로등 기둥, 지나가는 사람들의 제스처와 걸음걸이를 흉내 내고, 종종 캐리커처식으로 과장된 행동을 보이기도 했다.

서번트 증후군을 가진 일부 자폐증 환자들은 특출한 시각심상 visual imagery과 재현 능력을 보이는데, 내가《화성의 인류학자》에서 기술한 스티븐 윌트셔Stephen Wiltshire가 바로 그런 인물이다. 스티븐은 시각의 서번트로, 시각적 유사성을 포착하는 엄청난 재능을 가졌다. 그가 그런 유사성을 발견한 시점은 언제가 됐든 별 차이가 없으며, 일단 형성된 지각과 기억의 명료성은 시간이 지나도 거의 변하지 않는다. 또한 그는 놀라운 귀를 갖고 있다. 그는 소년 시절 주변의 소음과 사람들의 말을 따라 했는데, 어떤 의도나 의식도 없는 것 같았다. 청소년 시절에는 일본 여행에서 돌아와, 일본의 소음과 엉터리 일본어는 물론 일본인들의 제스처까지 끊임없이 반복했다. 어떤 악기 소리든 한 번 들으면 흉내를 냈는데, 음악적 기억이 매우 정확했다. 나는 그가 열여섯 살 때 톰 존스Tom Jones의 〈잇츠 낫 언유주얼It's Not Unusual〉을 부르며 손짓 몸짓 발짓을 하는 걸 보고 까무러칠 뻔했다. 엉덩이를 흔들고, 춤을 추고, 몸짓을 하고, 그것도 모자라 상상의 마이크를 입에 갖다 댄 모양은 정말 가관이었다. 스티븐은 그즈음부터 감정을 별로 표현하지 않았고, 고전적인 자폐증의 외적 소견(예를 들어, 비스듬하게 기운 목, 틱, 멍한 시선)을 많이 보였다. 그러나 톰 존스의 노래를 부를 때는 모든 증상이 사라졌다. 증상이 어찌나 감쪽같이 사라졌는지, 나는 그가 흉내의 수준을 넘어 노래의 감정과 감성을 공유하고 있는지도 모른다고 생각할 정도였다.

나는 스티븐을 보고, 캐나다에서 만났던 자폐아 한 명이 생각났다. 그는 TV쇼 한 편을 완전히 암기하고 하루에 수십 번씩이나 스스로 재생을 반복했는데, 출연자의 음성과 제스처는 물론 관객들의 박수 소리까지 완벽하게 재현했다. 나는 그게 일종의 자동증 automatism이니 피상적 재현일 거라고 생각했지만, 스티븐의 연기를 보고 개념이 흔들려 깊은 생각에 잠겼다. 혹시 스티븐이 캐나다 소년과 달리 흉내의 수준을 넘어 창의성이나 예술의 경지로 도약한 것은 아닐까? 그는 의식적·의도적으로 노래의 감정과 감성을 공유한 걸까, 아니면 단순히 재현한 것에 불과할까? 어쩌면 양극단 사이의 어디쯤에 해당하는지도 모른다.♦

♦ 서번트 증후군이 있는 자폐증이나 정신지체 환자들은 기억력과 재현능력이 엄청나게 뛰어날 수 있지만, 대상을 뭔가 외부적인 것으로 무덤덤하게 기억하는 경향이 있다. 1862년 다운증후군을 확인한 랭던 다운Langdon Down은 한 서번트 소년에 대해 "언젠가 읽은 책 한 권의 내용을 늘 기억할 수 있다"고 적었다. 한번은 다운이 그 소년에게 기번의《로마제국 쇠망사》를 읽으라고 줬더니 소년은 책을 읽고 나서 술술 암송을 했지만 내용을 전혀 이해하지 못하는 것으로 나타났다. 더욱 가관인 것은, 책을 암송하다가 3페이지에서 실수로 한 줄을 건너뛰더니, 곧 뒤로 돌아가 정확히 교정하는 게 아닌가! 다운은 이렇게 썼다. "그 후에도 기번의 우아하고 장엄한 명문을 암송할 때마다, 그 소년은 어김없이 3페이지에서 똑같은 줄을 건너뛰었다가 오류를 바로잡고는 다시 진행했다. 마치 오류와 교정도 텍스트의 일부인 것처럼."

서번트 증후군을 가진 또 한 명의 자폐증 환자 호세José(이 사람도 《아내를 모자로 착각한 남자》에 나온다)의 경우, 병원의 의료진에게 종종 '인간 복사기'라고 불렸다. 그러나 이는 하나만 알고 둘은 모르는 것으로, 그런 표현은 부정확할 뿐만 아니라 불공평하고 모욕적이라고 할 수 있다. 왜냐하면 서번트의 기억에는 시각적 특징의 구별과 인식, 언어의 특징, 제스처의 특이성 등이 포함되므로, 어떤 기계적인 것들과도 비교할 수 없기 때문이다. 단, 어떤 이유에선지 그들의 기억 속에서는 이러한 특징들이 완전히 통합되지 않는다. 그래서 잘 모르는 사람들의 눈에는 그들이 마치 기계적으로 작동하는 것처럼 보이는 것이다.

◆

만약 (끊임없는 연습, 반복, 리허설이 필수적인) 음악 연주에서 모방이 핵심 역할을 수행한다면 미술, 작곡, 저술 활동에서도 모방의 중요성은 마찬가지일 것이다. 젊은 예술가들은 연습생 기간 동안 자신의 모델을 찾아 모델의 스타일, 숙달된 기술, 혁신을 통해 예술의 모든 것을 배운다. 젊은 화가들은 메트로폴리탄과 루브르의 갤러리를 수시로 드나들고, 젊은 작곡가들은 콘서트에 가거나 악보를 연구한다. 이런 의미에서, 모든 예술은 본뜨기로부터 시작된다. 존경하고 흠모하는 모델의 작품을 직접 베끼거나 약간 다르게 변형하지는 않더라도, 그들에게서 큰 영향을 받는다.

알렉산더 포프Alexander Pope는 열세 살 때 존경하는 시인 윌리엄 월시William Walsh에게 조언을 구했다. 월시의 충고는 '정확해야 한다' 는 것이었는데, 포프는 이 말을 '먼저, 시의 형식과 기법을 마스터하 라'는 의미로 받아들였다. 그래서 이를 위해《영국 시인 모방집Imitations of English Poets》에서 월시, 코울리, 로체스터 백작(존 윌머트)을 차례로 베껴 쓴 후, 좀 더 위대한 시인인 초서와 스펜서까지 베꼈다. 한편 라 틴 시인들의 작품을 다른 말로 바꿔 표현하기도 했다. 그리하여 열 일곱 살에 영웅시격heroic couplet◆을 마스터하고,《목가집Pastorals》을 비 롯하여 자신의 시를 쓰기 시작했다. 그는 자작시에서 자신만의 스타 일을 개발하고 연마했지만, 매우 상투적이고 운치 없는 주제에 만족 했다. 그기 자신의 시에 정교하고 때로 섬뜩한 상상력을 가미하기 시작한 것은, 자기 자신만의 스타일과 형식을 완전히 확립하고 나서 부터였다. 아마도 대부분의 예술가들이 거치는 단계나 과정은 포프 와 상당히 겹치겠지만, 위대한 창의력이 발달하기 전에 모방을 통해 형식이나 기술을 마스터하는 것은 필수다.

그러나 다년간의 준비와 노력에도 불구하고, 훌륭한 재능을 가 진 인재의 가능성이 완전히 꽃피지 않을 수도 있다.◆◆ 예술가가 됐 든 과학자가 됐든 셰프가 됐든 교사가 됐든 엔지니어가 됐든, 상당

◆　대구를 이루는 약강 5보격의 2행 시. (옮긴이)

◆◆　노버트 위너Norbert Wiener는 열네 살에 하버드 대학교에 들어가 박사학위를 취득하고 평생 동안 영재의 신분을 유지했다. 그는 자신의 자서전《은퇴한 영재Ex-Prodigy》에서, 동시대인 윌리엄 제임스 시디스William James Sidis를 언급했다. 자신의 대부代父 윌리엄 제임스의 이름을 딴 시디스는 수개 국어에 능통한 총명한 수학자로, 열한 살에 하버드 대학교에 들어갔다. 그러나 열여섯 살에 (아마도 자신의 천재성과 사회의 기대가 주는 부담감에 압도되어) 수학을 포기하고 공식적인 학계 생활에서 은퇴했다.

수의 창조자들은 일단 장인 수준에 도달하고 나면 여생 동안 하나의 형식에 머물거나 그 범위 내에서 노는 데 만족할 뿐, 근본적으로 새로운 것에 도전하지 않는다. 그들의 작품에서는 여전히 장인과 대가의 면모가 엿보이고 큰 기쁨을 주지만, 그들은 더 이상 위대한 창의력을 향해 걸음을 내딛지 않는다.

처음 대가의 반열에 오른 후 창의력이 거의 변하지 않는, '고만고만한 창의력'의 사례는 수두룩하다. 아서 코넌 도일Arthur Conan Doyle이 1887년에 발표한 셜록 홈스 시리즈의 1권《주홍색 연구A Study in Scarlet》는 괄목할 만한 성취로, 그 이전에는 그만한 탐정소설이 존재하지 않았다.◆ 그로부터 5년 후 발표된《셜록 홈스의 모험The Adventures of Sherlock Holmes》이 대박을 터뜨리자, 도일은 '영원히 끝나지 않을 것 같은 시리즈의 작가'로 호평을 받았다. 그 역시 기뻤지만, 다른 한편으로 은근히 짜증이 났다. 왜냐하면 역사소설도 쓰고 싶었는데, 대중은 역사소설에 별로 관심을 보이지 않았기 때문이다. 대중이 원하는 것은 홈스, 오직 홈스뿐이었으므로, 그는 홈스 스토리를 계속 공급해야 했다. 심지어 〈마지막 문제The Final Problem〉에서 홈스를 죽일 요량으로 라이헨바흐 폭포에서 모리어티 교수와 결투를 벌이던 중 동반 추락시킨 후에도, 대중은 홈스의 부활을 요구했다. 도일은 대중의 압력에 굴복하여 1905년《셜록 홈스의 귀환The Return of

---

◆ 에드거 앨런 포의 뒤팽 스토리(예를 들면 〈모르그 가의 살인The Murders in the Rue Morgue〉)이 있기는 했지만, 풍부한 성격묘사로 이뤄진 홈스와 왓슨에 비견되는 개인적 특질은 찾아볼 수 없었다.

Sherlock Holmes》에서 홈스를 살려냈다.

그러나 홈스는 방법이나 정신이나, 캐릭터는 별로 발전하지 않았고, 늙지도 않는 것 같았다. 홈스는 사건 사이사이에 간신히 살아 있다가(또는 바이올린을 끽끽 켜고, 코카인을 정맥에 주사하고, 악취 나는 화학 실험을 하며 퇴행 상태로 존재하다가) 다음 사건에 호출되었다. 1920년대의 스토리는 1890년대에 쓰였다고 해도 이상하지 않았고, 1890년대의 스토리는 그 후에 읽어봐도 전혀 어색하지 않았다. 홈스가 살던 런던도 사람만큼이나 변하지 않아, 홈스와 런던의 모습은 늘 1890년대의 멋진 모습 그대로였다. 도일 자신은 1928년《셜록 홈스: 완벽한 단편소설Sherlock Holmes: The Complete Short Stories》의 서론에서 이렇게 말했다. "내 단편소설들은 순서가 없으므로, 아무거나 손에 잡히는 대로 읽어도 된다."

◆

줄리어드에서 공부하는 수백 명의 재능 있는 뮤지션 지망생, 또는 유수의 연구소에서 일하는 수백 명의 총명한 과학자 지망생들 중에서 극소수만이 기념비적인 곡을 쓰거나 과학사에 길이 남을 발견을 하는 이유는 뭘까? 대다수는 상당한 재능에도 불구하고 2퍼센트의 창조적 불꽃creative spark이 부족한 게 아닐까? 어쩌면 창의적인 성과를 내는 데는 창의력 외에 플러스알파가 필요한지도 모른다. 이를테면 두둑한 배짱, 자신감, 독립심.

기존의 방향에서 자리를 잡은 후 새로운 방향으로 치고 나가려면, 창조적 잠재력은 기본이고 특별한 에너지와 대담성 또는 파격성이 필요하다. 모든 창조적 프로젝트가 그러하듯, 그것은 일종의 도박이다. 왜냐하면 새로운 방향이 생산적일 거라고 장담할 수 없기 때문이다.

진정한 독창성은 의식적인 준비와 훈련뿐만이 아니라 무의식적인 준비도 요구하는데, 무의식적인 준비가 진행되는 과정을 잠복기incubation period(또는 숙성기)라고 한다. 잠복기는 가용 자원과 영향력을 잠재의식 속에서 통합하고 소화하여 자기 자신만의 뭔가로 재조직하고 합성하는 데 필수적이다. 우리는 바그너의 오페라 〈리엔치Rienzi〉 서곡에서 잠복기가 진행되는 과정을 추적할 수 있다. 관객들은 먼저, 바그너가 연습생 시절에 경험한 로시니Rossini, 마이어베어Meyerbeer, 슈만Schumann 등의 영향을 공명, 모방, 패러프레이즈, 패스티시pastiche◆ 하는 것을 본다. 그런 다음 갑자기, 바그너 자신의 놀라운 음성을 듣게 된다. 그것은 전례 없이 강력하고 비범한 천재의 음성이다. 진정한 독창성은 '기억과 차용'에서 '동화와 통합'의 수준으로 도약하는 잠복기를 통해 탄생하며, 이 과정에 관여하는 핵심 요인은 심오하고 의미 있고 능동적이고 개인적인 몰입이다.

◆

◆ 다른 작품으로부터 내용 혹은 표현 양식을 빌려와 복제하거나 수정하여 작품을 만드는 기법. 흔히 혼성모방으로 불린다. (옮긴이)

1982년 초, 나는 런던에서 뜻하지 않은 소포를 받았다. 그 속에는 극작가 해럴드 핀터Harold Pinter의 편지와 신작 희곡《일종의 알래스카A Kind of Alaska》의 원고가 들어 있었다. 핀터는 편지에서 이렇게 말했다. "1973년 당신의 책《깨어남Awakenings》을 읽고, 거기에 수록된 사례 중 하나를 즉시 희곡으로 각색하고 싶었지만 몇 가지 문제점이 있었습니다. 마땅한 해결책이 떠오르지 않아 한동안 잊고 있었는데, 8년이 지난 어느 날 아침 희곡의 첫 문장("뭔가가 일어나고 있다")과 이미지가 생생히 떠오르며 내 마음을 떠밀었습니다. 그리하여 나는 몇 주 만에 붓 가는 대로 희곡을 썼습니다."

나는 4년 전 다른 저자에게서 우송 받은 희곡과 핀터의 희곡을 비교하지 않을 수 없었다. 그 희곡 역시 동일한 사례에서 영감을 받아 집필된 것이었는데, 저자는 동봉된 편지에서 이렇게 말했다. "두 달 전《깨어남》을 읽고 큰 영감을 받아, 즉시 희곡을 써야겠다는 충동을 느꼈습니다. 마치 뭔가에 홀린 듯한 기분이었습니다." 나는 핀터의 희곡을 더 좋아했는데, 그 이유는 말할 것도 없이 나의 오리지널 주제를 심오하게 변형transformation했기 때문이다. 나는 그것을 핀터화Pinterization라고 부르고 싶다. 그에 반해 1978년의 희곡에는 전혀 새로울 게 없었다. 그도 그럴 것이 내 책에 수록된 문장들을 전혀 변형 없이 베꼈기 때문이다. 내게는 그 희곡이 창작물이 아니라 표절 또는 패러디인 것처럼 보였다(그러나 나는 저자의 몰입이나 선의를 의심하지는 않았다).

나는 그 사건의 의미를 어떻게 이해해야 할지 확신이 안 선다. 저자가 너무 게으르거나 재능이나 독창성이 너무 부족해서, 필요한 변형을 가하지 못했던 것일까? 아니면 단지 잠복기를 거치지 않아, 《깨어남》을 읽은 경험을 충분히 소화하지 못했던 것일까? 만약 핀터처럼 한동안 잊고 있었다면, 그 경험이 무의식 속으로 들어가 다른 경험 및 생각들과 통합될 수 있었을 텐데….

　　정도의 차이는 있지만, 누구든지 타인이나 주변의 문화로부터 아이디어를 차용한다. 아이디어는 늘 공중에 떠돌아다니며, 우리는 종종 의식하지 않고 오늘날 유행하는 구절과 언어들을 차용한다. 우리는 언어를 발견하고 그것을 빌려 와, 각자 개별적인 방식으로 사용하고 해석한다. 우리는 언어를 차용하는 것이지, 발명하는 게 아니다. 따라서 문제가 되는 것은 '왜 남의 것을 차용하거나 모방하거나 베끼거나 영향받는가'가 아니라, '차용하거나 모방하거나 베낀 것을 갖고서 무슨 일을 할 것인가'다. 다시 말해서, '남의 것을 완전히 소화시켜 자기 것으로 만든 다음, 자기 자신의 경험·생각·느낌·입장과 혼합하여 얼마나 새로운 방식으로 표현할 것인가'가 중요하다.

◆

　　시간, 망각, 숙성은 깊은 과학적·수학적 통찰력에 도달하기 위한 전제 조건이다. 위대한 수학자 앙리 푸앵카레Henri Poincaré는 자신의 자서전에서 "특별히 어려운 수학 문제를 풀려고 씨름했지만, 아무런 결과도 얻지 못하자 크게 좌절했다"고 털어놓았다.◆ 그는 가벼운 지질탐사 여행을 통해 휴식을 취하기로 마음먹었고, 그 여행은 모처럼 기분 전환을 할 수 있는 좋은 기회였다. 그러나 하루는 다음과 같은 일이 벌어졌다.

우리는 여행을 떠나기 위해 버스에 올라탔다. 그런데 버스 계단에 발을 올려놓는 순간 전혀 새로운 아이디어가 떠올랐다. 그 내용인즉, 내가 푸크스함수Fuchsian function를 정의하기 위해 사용했던 변형이 비유클리드기하학 변형과 똑같다는 것이었다. 나는 그 아이디어를 증명하지 못했고, 사실 그럴 시간도 없었다. 왜냐하면 일행들이 말을 거는 바람에 이미 대화가 시작되었기 때문이다. 그러나 나는 분명한 확신이 들었다. 캉Caen에 돌아오는 길에 틈을 내어 그 결과를 증명했다.

그로부터 얼마 후, 푸앵카레는 다른 문제를 풀다가 계속 실패하여 넌더리가 났다. 그래서 이번에는 기분전환을 위해 해변으로 갔다.

어느 날 아침 바닷가의 절벽 위를 산책하다, 돌발적이고 찰나적이고 확실한 아이디어가 떠올랐다. 이번에도 비유클리드기하학 변형에 관한 것으로, 부정이차삼항식indefinite ternary quadratic form의 수학적 변형은 비유클리드기하학의 수학적 변형과 똑같다는 것이었다.

♦　자크 아다마르Jacques Hadamard의《수학적 발견의 심리학Psychology of Invention in the Mathematical Field》에서 재인용.

푸앵카레는 자서전에 이렇게 썼다. "어떤 문제가 의식적 사고에서 벗어나 마음이 텅 비었거나 다른 일에 한눈이 팔려 있는 동안에도, 뭔가 능동적이고 강렬한 무의식(또는 잠재의식, 또는 전의식preconsciousness)이 작용하는 게 틀림없다." 푸앵카레가 말한 무의식은 역동적·프로이트적 무의식과 다르고, 인지적 무의식cognitive unconsciousness과도 다르다. 프로이트적 무의식은 억눌린 공포와 욕망으로 들끓으며, 인지적 무의식은 아무런 의식 없이 승용차를 몰거나 문법에 맞는 문장을 말하도록 추동한다. 그에 반해 푸앵카레가 말한 무의식은 완전히 숨겨진 창조적 자아creative self가 수행하는 고도의 숙성 과정으로, 본인도 모르는 사이에 매우 복잡한 문제를 해결해주기도 한다. 푸앵카레는 이 무의식적 자아unconscious self에 찬사를 보냈다. "무의식적 자아는 단순한 자동기계가 아니라, 분별력을 갖고 있는 존재다. 그는 선택하고 예측하는 방법을 알며, 의식적 자아보다 예측력이 뛰어나다. 왜냐하면 의식적 자아가 오랫동안 풀지 못한 문제를 해결해주기 때문이다."

오래 묵은 문제에 대한 해법이 불쑥 떠오르는 현상은 간혹 꿈이나 부분의식partial consciousness 상태에서도 일어난다. 부분의식이란 잠들기 직전이나 잠에서 깨어난 직후 경험하는 것으로, 이상하리만큼 자유로운 생각과 거의 환각에 가까운 심상이 동반된다. 푸앵카레의 경험담을 들어보자. "나는 어느 날 밤 몽롱상태twilight state에서, 마치 가스 분자처럼 생긴 아이디어들이 움직이는 것을 봤다. 그것들은 때때로 서로 충돌하여 쌍을 이루고, 단단히 결합하여 좀 더 복잡한 아이디어를 형성하기도 했다." 이는 창조적 무의식에서 보기 드문 현상으로(창조적 무의식은 일반적으로 비가시적이다), 어떤 사람들은 마약에 중독된 상태에서 비슷한 현상을 경험했다고 한다.

바그너는 오페라 〈라인의 황금Das Rheingold〉의 관현악 서곡이 머리에 떠오른 과정을 생생히 설명한다. 날밤을 새운 다음 날 오랫동안 강행군을 한 후, 이상하고 환각에 가까운 몽롱상태가 찾아왔다고 한다.

고열과 불면증으로 하룻밤을 보내고 난 다음 날, 나는 언덕이 많은 시골길을 가로질러 터덕터덕 걸어야 했다. 마을은 온통 소나무 숲으로 뒤덮여 있었다. 오후에 집으로 놀아온 나는 딱딱한 침대 위에 대자로 누워 죽은 듯 잠들었다. 일종의 비몽사몽 상태에서, 갑자기 부드럽게 흐르는 물속으로 가라앉는 듯한 느낌이 들었다. 물소리는 뇌 안에서 E플랫장조의 음악으로 바뀌어, 끊김과 이어짐을 계속하며 무한히 반복되었다. 끊어진 소리들은 점점 더 빨라지는 멜로디 악절樂節처럼 보였지만, E플랫장조의 순수한 3화음은 변하지 않았다. 음악의 지속성은 내가 가라앉고 있는 물속에 무한한 의미를 부여했다. 나는 즉시 〈라인의 황금〉의 관현악 서곡을 의식했다. 그것은 오랫동안 내 안에 잠복해 있다가, 마침내 내게 계시를 내린 게 분명하다.◆

◆

혹시 미래에 개발될 기능적뇌영상화functional brain imaging 장치를 이용하여 '서번트 증후군을 가진 자폐증 환자의 흉내 또는 모방'과

'바그너의 깊은 의식적·무의식적 변형'을 구별할 수 있을까? '문자 그대로의 기억verbatim memory'과 '의식의 밑바탕에 깔린 프루스트적 기억Proustian memory'은 신경학적으로 다를까? 어떤 기억은 뇌의 발달과 회로에 별 영향을 안 미치고, 어떤 트라우마적 기억은 집요하고 변함없는 영향력을 발휘하는 데 반해, 어떤 기억들은 통합되어 심오하고 창조적인 뇌를 발달시키는 이유를 설명할 수 있을까?

"창의성이란 독창적 아이디어를 탄생시키는 매우 독특하고 이례적인 생리 상태이며, 정교한 뇌영상화 장치를 이용해 뇌를 촬영할 수 있다면, 무수한 뉴런 집단들의 연결connection과 동기화synchronization를 통해 광범위하게 활성화되어 있는 뇌 사진을 얻을 수 있다"는 게 나의 지론이다.

나는 글을 쓸 때 때때로, 꼬리에 꼬리를 물고 떠오르는 생각들이 저절로 체계가 잡히고, 즉석에서 적절한 단어들로 자신을 포장하

◆ 이와 유사한 스토리는 과학계에도 매우 많다. 그 내용인즉 꿈속에서 갑자기 과학적 발견이 떠올랐다는 것으로, 그중 일부는 상징적이고 일부는 신화화되어 있다. 러시아의 위대한 화학자 멘델레예프Mendeleev는 꿈속에서 주기율표를 발견하여, 잠에서 깨어나자마자 봉투 위에 급히 갈겨썼다고 한다. 그 봉투는 실제로 존재하므로, 멘델레예프의 전설적 스토리는 어느 정도 사실일 수 있다. 그러나 천재적 아이디어가 난데없이 떠올랐음을 암시하는 스토리에도 불구하고, 멘델레예프는 1860년 카를스루에Karlsruhe 회의에 참석한 이후 9년 이상 주기율표 문제를 의식적·무의식적으로 곰곰이 생각해왔다. 그는 주기율표 문제에 완전히 사로잡혀, 러시아를 횡단하는 철도 여행 때 특별한 카드(원소 이름과 원자량이 적힌 카드)를 휴대하고 소위 화학적 솔리테르chemical solitaire 게임을 통해 원소들을 섞고 배열하고 재배열하는 일을 끊임없이 반복했다. 그런데 하필이면 카드가 주변에 없을 때 정답이 떠올랐으므로, 그 아이디어를 봉투에 휘갈겨 쓰는 수밖에 없었을 것이다.

는 것을 느낀다. 나는 그럴 때마다 나의 성격과 신경증neurosis◆을 상당 부분 우회하거나 초월할 수 있다고 느낀다. 그 상태의 나는 내가 아닌not me 동시에 나의 가장 내밀한 부분innermost part이며, 최상의 부분the best part임에 틀림없다.

◆ 심리적 갈등이나 외적 스트레스를 받아들이는 과정에서 심리적인 문제 및 성격 변화가 나타나는 것을 말한다. (옮긴이)

항상성 유지

코끼리가 됐든 원생동물이 됐든, 내부환경internal environment◆을 일정하게 유지하는 것만큼 생물의 생존과 독립에 필수적인 것은 없다. 프랑스의 위대한 생리학자 클로드 베르나르Claude Bernard는 일찍이 1850년대에 이 문제에 대한 모든 것을 언급했다. "내부환경의 일정함은 자유롭고 독립적인 생활의 전제 조건이다."

내부환경이 일정하게 유지되는 것을 전문용어로 항상성 homeostasis이라고 한다. 항상성의 기본 원리는 비교적 간단하지만, 세포 수준에서 보면 기적이라 해도 좋을 만큼 효율적이다. 세포 외부의 우여곡절에도 불구하고, 세포막에 자리 잡은 이온펌프가 세포의 화학적 내용물을 외부환경과 무관하게 일정하게 유지해주기 때문

◆ 생체 내의 세포와 조직을 둘러싸는 환경으로, 동물의 개체를 외면에서 둘러싸는 외부 환경인 생태학적 환경에 대응하는 말이다. (옮긴이)

이다. 그러나 다세포생물, 특히 동물과 인간의 항상성을 보장하려면 좀 더 복잡한 모니터링 시스템이 요구된다.

다세포동물들은 직접적인 화학적 수단(예를 들면 호르몬)은 물론 전신에 퍼져 있는 특별한 신경세포와 신경망(이를 신경총plexus이라고 한다)을 이용하여 항상성을 조절한다. 전신에 산재한 신경세포와 신경총들은 하나의 시스템이나 연합confederation으로 조직화되는데, 이 시스템은 기능이 대체로 자율적이어서 자율신경계autonomic nervous system라는 이름을 얻었다. 자율신경계는 20세기 초에 와서야 겨우 인식되어 탐구되었지만, 중추신경계, 특히 뇌의 많은 기능들은 일찌감치 19세기에 세부 지도가 작성되었다. 이는 좀 역설적이다. 왜냐하면 자율신경계가 중추신경계보다 먼저 진화했기 때문이다.

자율신경계와 중추신경계는 상당히 독립적으로 진화되었으며, 형태와 조직 면에서 극단적으로 상이하다. 중추신경계는 근육, 감각기관과 함께 진화하여 동물로 하여금 세상을 돌아다니며 다양한 활동(수렵, 식량 채취, 배우자 찾기, 적과 싸우거나 도망치기)을 하도록 허용했다. 자율신경계는 불철주야로 모든 장기와 조직들을 모니터링하며 현재의 컨디션을 실시간으로 통보해준다(신기하게도 뇌 자신은 감각이 없어, 심각한 뇌 장애가 있는 사람은 아무런 불편함을 느끼지 못한다. 예컨대 육십 대에 알츠하이머병에 걸린 랄프 왈도 에머슨Ralph Waldo Emerson은 "요즘 건강이 어떠신가요?"라는 질문을 받고, "지능을 잃었지만, 몸 컨디션은 완벽하다오"라고 말하곤 했다).◆

◆ 데이비드 솅크David Shenk는 《망각The Forgetting》에서 이 점을 멋지게 설명했다.

20세기 초 두 개의 자율신경 부문이 확인되었는데, 하나는 교감신경 부문sympathetic part이고 다른 하나는 부교감신경 부문parasympathetic part이다. 전자는 심장박동을 증가시키고 감각을 예민하게 하고 근육을 긴장시킴으로써, 동물로 하여금 다양한 활동(예컨대, 극단적인 상황에서 필사적으로 싸우거나 도망침)에 대비하게 한다. 그에 반해 후자는 유지보수팀(소화기, 신장, 간 등)의 활동을 증가시키고 심장을 늦추며 긴장 완화와 수면을 촉진한다. 자율신경계의 두 부문은 평상시에 서로 엇갈리게 작동하므로, 과식을 한 후 식곤증이 찾아오는 시간은 달리기나 싸움에 적당하지 않다. 자율신경계의 두 부분이 적절한 조화를 이룰 때, 우리는 편안하거나 정상이라고 느끼게 된다.

안토니우 다마지우Antonio Damasio는 《문제가 생길 것 같은 느낌 The Feeling of What Happens》을 비롯한 책과 논문에서 '자율신경의 균형'이라는 주제를 설득력 있게 다뤄왔다. 그는 핵심의식core consciousness을 언급했는데, 이것은 원래 '신체 컨디션에 관한 기본적 느낌'을 의미하지만, 궁극적으로는 '의식에 대한 어렴풋하고 함축적인 느낌'을 뜻한다.◆ 그의 설명을 들어보자. "내부적으로 문제가 발생하여 항상성이 유지되지 않을 때, 자율신경의 균형이 교감신경 또는 부교감신경 쪽으로 기울기 시작한다. 그러면 핵심의식이 바뀌어, '왠지 기분이 찝찝하고 컨디션이 불편하다'는 느낌을 초래하게 된다. 이쯤 되면 사람들의 입에서는 '뭔가 잘못된 듯한 느낌이 든다'는 말이 절로

◆ 다음 책도 참고하라. Antonio Damasio and Gil B. Carvalho, "The Nature of Feelings: Evolutionary and Neurological Origins", 2013.

튀어나오기 마련이며, 그런 상황에서 안색이 좋을 사람은 아무도 없다."

일례로, 편두통은 일종의 원형질환prototype illness으로, 종종 심한 불편을 초래하지만 일시적이고 자기한정적self-limiting◆인 것이 특징이다. 편두통은 사망이나 심각한 손상을 초래하지 않는다는 의미에서 양성benign이며, 어떠한 조직 손상·외상·감염과도 관련되어 있지 않다. 이처럼 편두통은 뚜렷한 기저질환이 없으면서도 질병(체내에서 발생한 문제)의 본질적인 특징을 축소판으로 보여준다.

거의 50년 전 뉴욕에 도착했을 때, 내가 처음으로 만난 환자들은 일반형 편두통common migraine으로 고생하고 있었다. '일반형 편두통'이라는 이름은 인구의 10퍼센트 이상이 경험한다는 데서 유래하며, 나 역시 일생 동안 편두통 발작을 겪어왔다. 내원한 편두통 환자들을 이해하거나 도우려고 노력한 것은 새내기 의사로서 수련의 과정의 일부였고, 나의 첫 번째 저서《편두통Migraine》이 탄생하는 밑거름이 되었다.

일반형 편두통을 직간접적으로 겪은 이들의 소견은 다양하지만(의사들은 '무수히 많다'고 말하고 싶을 것이다. 예컨대 나는《편두통》에서 거의 100가지 소견을 기술했다), 가장 흔한 소견은 "뭔가 잘못된 듯하다"라는 느낌이 분명히 드는 것이다. 그러나 단지 찝찝한 기분이 들 뿐, 그 '뭔가'가 뭔지 구체적으로 정의할 수는 없다. 에밀 뒤 부아레이몽Emil du Bois-Reymond이 바로 그랬다. 그는 1860년 자신의 편두통

◆ 특별한 합병증이 없는 한, 치료하지 않아도 저절로 낫는 것을 말한다. (옮긴이)

발작이 시작되는 순간을 이렇게 표현했다. "아침에 일어났는데, 뭐라고 콕 집어 말할 수는 없지만 막연한 장애감feeling of disorder을 느꼈다."

그는 스무 살 이후 3~4주마다 편두통을 앓았는데, 늘 다음과 같은 수순을 밟았다고 한다. "아침에 오른쪽 관자놀이에서 약한 통증이 시작되어 강도가 점점 더 증가하며, 정오가 되면 최고조에 이른다. 그 후에는 저녁이 다가옴에 따라 차츰 가라앉는 게 보통이다. 휴식을 취하면 통증은 그럭저럭 참을 만하지만, 몸을 움직이면 고강도의 통증이 엄습한다. 관자동맥temporal artery의 맥박에 맞춰 통증의 강약이 반복된다." 더구나 편두통이 지속되는 동안 안색이 바뀌어, 얼굴은 창백하고 퀭해졌으며 오른쪽 눈은 작아지고 충혈되었다. 그리고 발작이 심할 때는 구역질과 위장 장애를 경험했다. 편두통의 포문을 열었던 '막연한 장애감'이 지속되어, 발작이 진행되는 동안 점점 더 악화되는 경우도 있었다. 최악의 경우에는 정신이 몽롱한 채 바닥에 누워 반송장이 되거나, 죽느니만 못한 상태로 전락할 수도 있었다.♦

내가 《편두통》의 서두와 이 책에서 뒤 부아레이몽의 자기기술self-description을 거듭 인용하는 이유는, 서술이 정확하고 아름답기도

♦ 2세기의 아레타이우스Aretaeus는 그런 상태에 있는 환자를 일컬어 "삶에 진절머리가 나므로, 차라리 죽는 게 현명하다"고 했다. 그런 느낌은 자율신경의 불균형에서 유래하며, 자율신경계의 핵심 부분과 밀접하게 관련되어 있다. 자율신경계의 핵심 부분은 뇌간, 시상하부, 편도체, 기타 피질하 구조체subcortical structure에 존재하며, 감정, 기분, 지각력, 핵심의식을 중재한다.

하거니와(19세기의 신경학적 기술들은 모두 정확하고 아름답지만, 오늘날에는 그런 기술을 찾아보기 힘들다) 무엇보다도 모범적이기 때문이다. 모든 편두통 사례들에 대한 기술은 다양하지만, 자세히 들여다보면 뒤부아레이몽의 것을 그대로 베끼며 순서만 바꾼 것에 불과하다.

혈관과 장기에 나타나는 편두통의 증상은 억제할 수 없는 부교감신경 흥분의 전형적인 사례이지만, 정반대의 생리 상태가 선행한다. 환자는 편두통이 오기 몇 시간 전에 에너지 충만, 심지어 일종의 희열을 경험할 수 있는데, 조지 엘리엇George Eliot은 그럴 때마다 "아슬아슬하게 건강하다는 느낌이 든다"고 말하곤 했다. 이와 마찬가지로, 특히 극심한 고통을 겪는 환자의 경우 편두통 이후에 반동현상rebound이 올 수 있다. 내 환자 중 한 명인 젊은 수학자(《편두통》에서 68번 사례)는 매우 심각한 편두통 환자였는데, 그 역시 편두통이 끝난 후 뚜렷한 반동현상을 겪었다. 즉, 그는 다량의 맑은 소변을 배설함과 동시에 편두통이 가라앉은 후, 늘 창의적인 수학적 사고가 폭발적으로 증가하는 현상을 보였다. 그는 편두통과 관련된 '신체와 정신의 이상한 방정식'을 감안하여 양쪽을 모두 포용했고, 나는 덕분에 '편두통을 치료하면 수학적 창의성이 향상될 수도 있다'는 사실을 알게 되었다.

나는 지금까지 편두통의 일반적인 패턴을 서술했지만, 증상이 빠르게 오락가락할 수도 있고 모순되는 증상들이 공존할 수도 있는데, 환자들은 종종 이런 상태를 일컬어 '미결상태'라고 한다. 내가 《편두통》에서 말한 것처럼, 이런 불안정한 상태에서는 열감 또는 냉감(또는 둘 다), 포만감과 조임 또는 메스꺼움과 느슨함(또는 둘 다), 특이한 긴장감 또는 나른함(또는 둘 다), 그 밖의 다양한 부담감과 불쾌감들이 나타났다 사라졌다 한다.

사실 편두통이 진행되는 동안에는 체내에서 온갖 현상들이 일어나는데, 그럴 때 인체를 영상화 장치나 내시경으로 촬영할 수 있다면 혈관상vascular bed이 열리거나 닫히고, 연동운동peristalsis이 빨라지거나 중단되고, 장기가 불편한 듯 꿈틀대거나 경련을 일으키고, 분비물이 갑자기 증가하거나 감소하는 것을 볼 수 있을 것이다. 마치 신경계가 결정을 못 내리고 우왕좌왕하는 것처럼 말이다. '미결 상태'와 '막연한 장애감'의 핵심 요소는 불안정성, 들쭉날쭉, 오락가락이다. 그 결과 우리는 모든 건강한 사람들(그리고 동물들)이 유지하고 있는 상태, 즉 통상적인 '편안한 느낌'을 상실한다.

◆

나는 첫 환자들의 상태를 되돌아봄으로써 질병과 회복에 대한 새로운 생각(또는 오래된 생각의 새로운 버전)을 갖게 되었다. 그리고 최근 몇 주 동안 겪은 매우 색다른 개인적 경험을 통해, 질병과 회복의 중요한 특징을 파악하게 되었다.

2015년 2월 16일(월요일), 나는 건강 상태가 꽤 좋은 편이었다고 말할 수 있다. 적어도 '상당히 활발한 여든한 살의 노인'이 기대할 수 있는 건강과 활력을 보유하고 있었으므로, 통상적인 건강 상태를 유지하고 있었다. 그로부터 한 달 전, 간肝의 상당 부분을 전이암metastatic cancer이 점령하고 있다는 진단을 받았음에도 불구하고,

건강하다는 느낌에는 변함이 없었다. 의료진은 다양한 완화치료 palliative treatment를 제안했는데, 그것은 간의 전이암 부하load를 줄여 생명을 몇 달 더 연장시키는 것이었다. 나는 일단 시도해보기로 결정하고 친분이 있는 외과의를 선택했는데, 그의 전문 분야는 영상의학interventional radiology이었다. 그는 카테터catheter◆를 간동맥의 분기점까지 밀어넣은 다음, 다량의 미세한 구슬들을 정확한 간동맥 부위에 삽입한다. 그러면 구슬들은 미세동맥으로 이동하여, 그곳을 차단함으로써 전이암이 필요로 하는 혈류 및 산소 공급을 차단한다. 그리하여 혈류와 산소를 공급받지 못하는 전이암들은 결국 굶거나 숨이 막혀 죽게 된다(생생한 메타포의 재능을 가진 외과의는 이러한 과정을 '지하실 속의 시궁쥐 죽이기', 또는 좀 더 유쾌한 보조관념인 '뒤뜰의 민들레 깎아내기'에 비유했다). 그러한 색전술embolization이 효과를 발휘하고 견뎌낼 만한 것으로 판명되면, 한 달쯤 후 간의 다른 부위에도 시도해볼 예정이었다(외과의는 이것을 '앞뜰의 민들레 깎아내기'라고 했다).

색전술은 그다지 부담스러운 수술은 아니지만, (간으로 전이되어 거의 50퍼센트를 차지하고 있는) 커다란 흑색종 세포 덩어리를 죽일 수도 있었다. 암세포들은 죽어가며 다양한 물질들을 분비하는데, 이것들은 불쾌감과 통증을 유발한다. 따라서 모든 죽은 물질들이 체내에서 제거되어야 하는 것처럼, 이 물질들도 제거되어야 한다. 이러한 '쓰레기 처리'라는 중차대한 임무를 수행하는 세력은 대식세포 macrophage다. 그들은 면역 세포의 일종으로, 체내에 존재하는 외계의

◆　얇은 관 모양으로, 병을 다루거나 수술을 할 때 인체에 삽입하는 의료용 기구. (옮긴이)

물질이나 죽은 물질들을 삼키는 전문가들이다. 외과의는 그들을 '미세한 거미'로 생각하라고 주문했다. 수백만 내지 수십억 마리의 거미들이 나의 몸속에서 종종걸음을 치며, 흑색종 찌꺼기들을 완전히 에워싼다고 말이다. 여기까지는 좋았지만, 한 가지 문제가 있었다. 세포들이 엄청난 임무를 수행하는 과정에서 나의 에너지가 모두 고갈되어, 나는 지금껏 전혀 겪어보지 못한 피로감에 휩싸이게 된다는 거였다. 통증과 그 밖의 자잘한 문제들은 말할 것도 없고.

나는 의사에게 미리 귀띔을 받은 게 그나마 다행이라고 생각했다. 그다음 날(그러니까 2월 17일 화요일) 색전술이 끝나고 깨어난 직후(그것은 전신마취하에 수행되었다), 갑자기 극심한 피로감과 수면발작*에 휩싸였기 때문이다. 문병 온 친구들이 1미터 앞에서 크게 말하거나 웃을 때, 나는 한 문장 또는 길고 복잡한 구절 하나를 다 듣지 못하고 혼절하고 말았다. 때로는 글을 쓰기 시작한 지 몇 초 만에 섬망이 찾아왔다. 나는 매우 쇠약해지고 기력이 떨어져 꼼짝 못 하고 앉아 있다가, 양쪽에서 두 사람의 부축을 받아 겨우 몸을 일으켜 걸어야 했다.

휴식을 취할 때는 통증을 그런대로 견딜 만했다. 그러나 재채기나 딸꾹질과 같은 불수의운동이 일어날 때마다 통증이 폭발했는데, 나는 그럴 때마다 야릇한 쾌감을 느꼈다. 색전술을 받은 환자들이

---

* 낮에는 몇 분에서 수십 분 동안 잠에 빠지고, 밤에는 잠을 못 자는 병. 졸리지도 않은데 갑자기 잠이 들거나, 잠에서 깨어났어도 몸을 움직이지 못하고 돌연 근육의 긴장이 풀어져 쓰러지는 따위의 증세를 보인다. (옮긴이)

항상성 유지

다 그렇듯, 정맥주사를 통해 마취제를 지속적으로 투여받았는데 이 것도 문제였다. 다량의 마취제는 거의 일주일 동안 배변 활동을 억제하여, 뭐든 먹는 족족 체내에 축적되었기 때문이다. 나는 입맛이 없었지만, 간호사들이 영양섭취를 해야 한다고 성화를 부리는 바람에 세 끼 식사를 꾸역꾸역 챙겨 먹었다.

또 다른 문제는 간의 상당한 부분을 대상으로 실시되는 색전술의 경우 드물지 않은 일이지만 항이뇨호르몬antidiuretic hormone(ADH)이 분비됨으로써 체내 수분 축적이 엄청나게 증가하는 것이었다. 그 바람에 내 발은 퉁퉁 부어올라, 그게 발이라고 거의 상상할 수 없을 정도였다. 또한 몸통도 부어, 마치 누꺼운 타이어를 몸에 두르고 있는 듯한 기분이었다. 이 같은 과도수분증hyperhydration은 체내의 나트륨 농도를 저하시켜, 아마도 섬망을 초래한 것 같다. 지금까지 언급한 모든 현상들과 그 밖의 다른 증상들(나는 체온조절이 불안정하여, 1분 간격으로 온감과 냉감이 교차했다)은 나를 공포로 몰아넣었다. 막연했던 장애감은 도가 지나쳐 거의 무제한으로 상승했고, 나는 "이 시간 이후로 또다시 이런 느낌을 경험한다면, 차라리 죽어버리는 게 낫겠다"고 생각했다.

나는 색전술을 받은 후 엿새 동안 병원에 입원해 있다 퇴원했다. 생애 최고의 불편한 느낌은 여전히 계속되었지만, 사실 하루하루가 지나감에 따라 조금씩, 아주 조금씩 호전됨을 느꼈다(그리고 모든 사람들은 병자들에게 으레 말하듯 '많이 좋아졌네요'를 연발했다). 나는 여전히 갑작스럽고 압도적인 수면발작을 겪었지만, 억지로 일을 하며 내 자서전의 교정쇄를 수정했다(설사 문장 중간에서 잠이 들어 머리가 책상을 쿵 하고 들이받더라도, 나의 손은 연필을 놓치지 않았다). 글쓰기는 나의 즐거움이었으며, 만약 그게 없었더라면 색전술 이후의 나날들을 견디기가 매우 어려웠을 것이다.

열흘째 되던 날, 나는 아침에 평소처럼 공포감을 느끼며 한 고비를 넘겼지만, 저녁때는 완전히 다른 사람이 되어 있었다. 그것은 전혀 뜻밖의 유쾌한 일이었다. 내가 그렇게 변신하리라고는 짐작조차 할 수 없었으며, 일말의 기미도 보이지 않았기 때문이다. 나는 식욕을 얼마간 되찾았고, 대장도 정상적으로 작동하기 시작했다. 그리고 2월 28일과 3월 1일, 나는 다량의 시원한 소변을 배출한 후 이틀 만에 체중이 7킬로그램이나 감소했다. 나는 갑자기 신체적·창조적 에너지가 충만함을 느끼며, 거의 경조증hypomania◆에 가까운 희열을 경험했다. 나는 뇌리를 스치는 풍부한 생각의 물결을 주체하지 못하고 아파트 복도를 성큼성큼 걸었다.

이러한 현상의 원인 중에서 체내 균형의 재확립이 차지하는 비중은 얼마나 될까? 심각한 자율신경 실조 후에 나타나는 자율신경의 반동현상과 다른 생리 요인들이 차지하는 비중은 얼마나 될까? 글쓰기의 즐거움은 얼마나 긍정적인 요인으로 작용했을까? 확실하게 장담할 수는 없지만, 다시 태어난 듯한 나의 상태와 느낌은 니체가 질병에서 회복된 후 경험한 것을《즐거운 학문The Gay Science》에서 서정적으로 표현한 것과 매우 흡사하다고 생각한다.

◆　경미한 형태의 조증mania. (옮긴이)

마치 뜻밖의 사건이 방금 일어난 것처럼, 마음속 깊은 곳에서 감사한 마음이 분수처럼 계속 뿜어져 나온다. 그것은 전혀 예상하지 않았던 회복에 대한 감사의 마음이다. 되찾은 힘, 되살아난 내일과 모레에 대한 믿음, 미래에 대한 갑작스러운 느낌과 기대, 임박한 모험, 눈앞에 다시 펼쳐질 바다에 대한 즐거움이여!

의식의 강

호르헤 루이스 보르헤스Jorge Luis Borges는 이렇게 말했다. "시간
은 나를 이루고 있는 본질이다. 시간은 강물이어서 나를 휩쓸어 가
지만, 내가 곧 강이다." 우리의 인식, 사고, 의식의 내용은 시간 속에
서 확장되며, 우리의 운동과 행동 또한 그러하다. 우리는 시간 속에서
살며 시간을 조직하므로, 우리는 철두철미한 시간적 존재다. 그러나
우리의 삶의 터전인 동시에 방편인 시간은 보르헤스의 강처럼 연속
적일까? 아니면 실에 꿴 구슬처럼 '일련의 불연속적인 순간들'에 가
까울까?

18세기의 데이비드 흄David Hume은 불연속적 순간들이라는 개
념을 선호했다. 그러므로 그에게 정신이란 상이한 지각知覺들의 뭉텅
이 또는 집합체에 불과했다. 각각의 지각들은 상상도 할 수 없는 속도
로 서로 연결되어, 영속적으로 움직이며 흐르는 것으로 간주되었다.

윌리엄 제임스는 1890년《심리학의 원리》에서, 흄의 관점을 일

컬러 "강력하지만 왠지 꺼림칙하다"고 했다. 언뜻 보기에, 흄의 관점은 직관에 어긋나는 것처럼 보였기 때문이다. 〈사고의 흐름〉이라는 유명한 장章에서, 제임스는 이렇게 강조했다. "의식은 그 소유자에게 늘 연속적인 것처럼 보인다. 끊어지지도 않고, 틈이 벌어지지도 않고, 나뉘지도 않고, 조각조각 잘리지도 않고. 의식의 내용은 지속적으로 바뀔 수 있지만, 우리는 한 생각에서 다른 생각으로, 하나의 지각에서 다른 지각으로 중단이나 쉼 없이 순조로이 이동한다." 따라서 제임스는 '생각이란 흐르는 것'이라고 여기고, 의식의 흐름stream of conscious이라는 용어를 도입했다. 하지만 뭔가 켕기는 게 있었던지, 한 가지 가능성을 남겨뒀다. "의식은 사실 불연속적이지만, 조이트로프zoetrope와 비슷한 착시에 의해 연속적인 것처럼 보이는 건지도 모른다."

1830년까지는 구현할 장치가 없어서, 움직이는 표상이나 이미지를 만들 수 없었다. 대부분의 사람들은 '여러 장의 스틸 사진들을 이용하여 움직이는 느낌이나 착각을 유도할 수 있다'는 생각을 떠올리지 못했다. "사진 자체가 움직이지 않는데, 움직이는 느낌을 어떻게 표현할 수 있단 말인가?"라는 회의론에 밀려, 활동사진이라는 아이디어는 역설적이고 모순된 것으로 치부되었다. 그러나 조이트로프가 등장하며 일대 선풍을 일으켰다. "개별 이미지들이 뇌 속에서 융합되어 '연속적인 운동'이라는 착각을 일으킬 수 있다"는 사실이 증명된 것이다.

제임스 시대에는 조이트로프(그리고 다양한 이름을 가진 다른 유사 장치들)가 엄청난 인기를 끌었으며, 빅토리아 시대의 중산층 가정치고 조이트로프 하나를 장만하지 않은 집은 거의 없었다. 이 기구는 원통이나 원반 위에 일련의 연속된 그림들(움직이는 동물, 크리켓 경기, 움직이는 곡예사, 성장하는 식물)의 정지 화면을 그리거나 붙여놓은 것이었다. 원통이나 원반을 회전시키면 각각의 그림들이 빠르게 연결되다가, 결정적인 속도에 도달하면 연속적으로 움직이는 하나의 동영상으로 인식되었다. 조이트로프는 장난감으로 인기를 끌며 마법과 같은 환상을 제공했지만, 본래 과학자나 철학자들이 매우 진지한 목적을 달성하기 위해 고안한 것이었다. 그 목적이란 다름이 아니라 동물의 운동 및 시각 메커니즘을 설명하는 것이었다.

인간의 의식에 관한 저술 활동을 몇 년만 더 계속했더라도, 제임스는 인간의 의식을 영화에 비유했을 것이다. 영화는 주제와 관련된 이미지의 흐름이며 시각적 내러티브가 감독의 관점 및 가치관과 통합되므로, 의식의 흐름에 대한 훌륭한 은유적 소재가 될 수 있기 때문이다. 영화의 기술적·개념적 장치인 줌 인/아웃zoom in/out, 페이드 인/아웃fade in/out, 디졸브dissolve◆, 생략omission, 인유allusion◆◆, 연상, 병렬배치juxtaposition를 이용하면, 의식의 흐름과 전환을 매우 근사하게 모방할 수 있다.

앙리 베르그송Henri Bergson은 1907년 발간한 《창조적 진화Creative Evolution》에서, 비유법을 이용하여 한 장章 전체를 "사유의 영화적 메커니즘과 기계론적 환상"을 설명하는 데 할애했다. 그러나 베르그

◆ 한 화면이 사라짐과 동시에 다른 화면이 점차로 나타나는 장면전환 기법. (옮긴이)
◆◆ 널리 알려진 사건이나 사람 또는 예술작품을 인용하는 표현 기법. (옮긴이)

송이 영화를 '뇌와 정신의 기본적 메커니즘'이라고 불렀을 때, 그가 상정한 영화는 '매우 특별한 종류의 영화'였다. 왜냐하면 영화의 스냅숏들은 서로 분리될 수 없고, 유기적으로 연결되어 있기 때문이다. 그는《시간과 자유의지Time and Free Will》에서, 그러한 지각된 순간perceptual moment들을 '서로 스며든다'거나 '서로 녹아든다'라고 표현했다. 이는 음악의 음표들과 유사하며, 공허하게 이어지는 메트로놈의 비트와는 차원이 전혀 다르다.

제임스도《심리학의 원리》의 〈시간의 지각〉에서 의식의 연결성과 분절성에 대해 언급했는데, 그는 각각의 순간들이 삶의 전체적인 궤적과 주제에 의해 연결된다고 생각했다.

과거의 일이든 미래의 일이든, 시간상으로 가까운 일이든 먼 일이든, 의식의 흐름을 구성하는 다른 부분에 대한 지식은 늘 현재의 사물에 대한 지식과 혼합되어 있다.
과거의 대상들에 대한 정보가 쉽게 사라지지 않고 지속되는 한편 새로운 대상들에 대한 정보가 유입됨에 따라, '기억 및 경험'과 '시간에 대한 전향적·후향적 감각'이 탄생한다. 그런 것들은 의식에 연속성을 부여하므로, 그러한 연속성이 없다면 의식을 흐름이라고 부를 수 없다.

그러나 의식이 비연속적이어서 흐름이 끊어진다면 어떻게 될까? 제임스는 같은 장에서, 제임스 밀James Mill(존 스튜어트 밀John Stuart Mill의 아버지)의 매혹적인 추론을 인용했다.

만약 의식이 비연속적이라면, 실에 꿴 구슬 모양의 감각과 이미지들이 모두 분리될 것이다. 그럼 의식은 어떤 모습이 될까?

지금 이 순간에 대한 지식 외에, 우리는 어떤 지식도 얻지 못하게 될 것이다. 과거와 미래에 대한 감각이 멈추는 순간 과거와 미래는 영원히 사라지고, 우리는 경험을 전혀 습득할 수 없게 된다. 그러면 우리는 마치 '존재하지 않는 사람'처럼 될 것이다.

밀의 추론은 제임스로 하여금 다음과 같은 의문을 품게 했다. "비연속적인 의식은 마치 암흑 속에서 홀로 빛나는 반딧불이의 불꽃과 같을 것이다. 그런 상황에서 과연 존재라는 게 가능할까?" 제임스가 생각한 상황은 기억상실증amnesia 환자의 경우와 똑같으며, 이 상황에서 모든 순간순간은 단 몇 초에 불과하다. 나는 《아내를 모자로 착각한 남자》에서 기억상실증 환자 지미("길 잃은 뱃사람")를 다음과 같이 소개했다.

그는 늘 하나의 순간 속에 고립되어 있으며, 해자垓子 또는 '망각의 틈'이 그를 에워싸고 있다. 그에게는 과거나 미래가 없으며, 그저 끊임없이 변화하는 무의미한 순간 속에 갇혀 있을 뿐이다.

◆

제임스와 베르그송은 시지각visual perception(그리고 의식의 흐름)을 조이트로프나 무비카메라와 같은 기계장치와 비교하며 유레카를

외쳤을까? "눈과 뇌가 '지각된 스틸 사진'을 받아들여 어찌어찌 융합함으로써 연속성과 움직임의 감각을 제공하는구나!"라고 말이다. 하지만 그들의 시대에는 의식의 연속성을 명쾌하게 설명한 사람이 없었다.

내가 돌보는 환자들 중에서 많은 사람들이 편두통 발작을 겪는 도중에 드물지만 극적인 신경장애를 경험한다. 시각의 연속성과 움직임에 대한 감각을 상실하고, '일련의 깜박이는 스틸 사진들'이 환등기 영상처럼 지나가는 것이다. 스틸 사진들의 화질이 선명하고 윤곽이 뚜렷하며, 중복되거나 겹치지 않고 차례로 이어지는 경우도 있다. 그러나 너무 오래 노출된 사진처럼 화질이 약간 흐린 경우가 태반이며, 다음 프레임이 보일 때도 직전 프레임이 사라지지 않는 경우가 많다. 그러다 보니 서너 개의 프레임이 중복되고, 오래된 프레임일수록 화질이 더 흐려지게 된다(이러한 효과는 1880년대에 에티엔쥘 마레가 찍은 연속사진chronophotograph과 비슷하다. 이 사진은 일련의 순간이나 장면들을 하나의 감광판 위에 합성한 것이다).◆

내가 편두통 환자들에게서 발견한 이 같은 특이한 시각장애는 드물고, 지속 시간이 짧고, 예측이 불가능하며, 인위적으로 유도할 수도 없다. 그래서 그런지 의학 문헌에서 제대로 된 설명을 찾을 수도 없었다. 나는 1970년에 《편두통》을 쓸 때, 그들의 증상을 기술하기 위해 영화시cinematographic vision라는 용어를 사용했다. 왜냐하면 환자들이 자신의 증상을 늘 '너무 천천히 돌아가는 필름'에 비유했기 때문이다. 환자들은 초당 6~12회의 플리커flickering(깜박임 현상)를 호소했는데, 편두통으로 인한 섬망의 경우에도 만화경 스타일의 깜박임이나 환각이 나타날 수 있다(초당 깜박임 횟수는 계속 증가하여, 동작 인식을 정상으로 되돌리기도 한다).

깜박임은 놀라운 시각 현상이지만, 1960년대에는 그것을 생리적으로 제대로 설명한 과학자들이 없었다. 그러나 나는 '시지각의 메커니즘이 영화와 정말로 비슷할지 모른다'는 생각을 떨쳐버릴 수 없었다. 즉, 뇌는 시각 정보를 '짧고 순간적인 정지 화면', 즉 스틸 사진으로 받아들인 다음, 정상적인 상황에서는 이것들을 융합하여 통상적인 동작과 연속성을 시각적으로 인식하지만, 매우 비정상적인 상황(예를 들면 편두통 발작)에서는 융합에 실패하여 깜박임 현상을 경험한다는 것이다.

이러한 시각 효과는 약물중독(특히 LSD와 같은 환각제)은 물론 특정 경련발작에서도 나타날 수 있으며, 그 밖의 다른 비정상적 시각

---

*   프랑스의 에티엔쥘 마레는 미국의 에드워드 마이브리지와 마찬가지로 속사포 같은 순간연속사진을 개발한 선구자였다. 이 사진들은 조이트로프의 원통에 나란히 배열되어 간단한 동영상을 연출할 수도 있지만, 인간과 동물의 동작을 해부하여 행동의 시간적 조직화temporal organization와 생물역학biodynamics을 연구하는 데 사용될 수도 있었다. 후자는 생리학자인 마레의 특별한 관심사였으며, 그는 이 목적을 달성하기 위해 1초짜리 이미지 10~20개를 한 장의 감광판 위에 합성했다. 이렇게 합성된 사진은 '일정한 기간 동안의 동작'을 연속적으로 포착한 것이나 마찬가지이므로, 그는 이것을 연속사진이라고 불렀다. 마레의 사진들은 동작에 관한 모든 과학적 사진 연구의 모델이 되었으며, 연속사진술은 미술가들에게도 영감을 줬다(예컨대, 뒤샹은 자신의 유명한 그림 〈계단을 내려오는 누드Nude Descending a Staircase〉를 일컬어 운동의 정지화상static image of movement라고 불렀다).
마르타 브라운은 자신의 멋진 모노그래프《시간 그리기Picturing Time》에서 마레의 작품을 연구했고, 레베카 솔닛Rebecca Solnit은《그림자의 강: 에드워드 마이브리지와 기술의 서부 시대River of Shadows: Eadweard Muybridge and Technological Wild West》에서 마이브리지의 업적과 영향력을 논했다.

현상으로도 나타날 수 있다. 예를 들면 움직이는 물체가 질질 끌리는 자국이나 흔적을 남길 수 있고, 이미지가 반복될 수 있으며, 잔상이 매우 오랫동안 나타날 수도 있다.♦

1960년대 후반 내가 돌보던 뇌염후파킨슨증 환자들 중 일부가, L-도파를 복용한 후 각성되거나 지나치게 흥분될 때 비슷한 증상을 경험한다고 호소했다. 어떤 환자들은 영화시를 호소했고, 다른 환자들은 아예 멈춤 현상을 호소했다. 멈춤 현상은 몇 시간 동안 지속되기도 했는데, 시각 흐름이 정지되는 것은 물론 심지어 운동, 행동, 생각이 멈추는 경우도 있었다.

Y. 헤스터의 경우 이러한 멈춤 현상이 특히 심각했다. 한번은 그녀가 목욕 중일 때 병실을 방문했는데, 욕실에서는 물이 흘러넘치고 있었다. 그런데 그녀는 홍수의 한복판에서 꼼짝도 하지 않고 서 있는 게 아닌가!

내가 그녀를 건드렸을 때, 그녀는 펄쩍 뛰며 내게 물었다. "무슨 일이에요?"

"그건 내가 묻고 싶은 말이에요." 나는 반문했다.

그녀의 대답이 걸작이었다. 처음 목욕을 시작할 때는 욕조에 물이 1인치쯤 담겨 있었는데, 잠시 후 누군가가 자기를 건드리기에 정

♦ 나 역시 사카우(미크로네시아에서 유명한 전통주)를 마신 후 이런 현상을 경험하고 일기장에 적어놨다가, 나중에《색맹의 섬The Island of the Colorblind》에서 자세히 언급했다. 테이블 위에 놓인 꽃에서 유령 같은 꽃잎이 마치 후광처럼 퍼져 나온다. 꽃을 움직이면, 지나간 자리에 약간 기다란 자국이나 흔적을 남긴다. 흔드는 손바닥을 바라보면 연속성이 더 이상 유지되지 않고, 아주 느리게 돌아가는 필름처럼 연속된 스틸 사진으로 보인다.

신을 차리고 보니 욕조에 물이 넘쳐 물난리가 났다나? 그러니까 그녀는 욕조의 수심이 1인치임을 지각한 순간 멈춤 현상이 일어나, 있는 자리에 그대로 얼어붙어 있었던 것이다.

그러한 멈춤 현상은 "무의식적인 자율기능들(예를 들면, 자세 유지, 호흡)이 평상시와 마찬가지로 계속되는 동안, 의식이 상당한 기간 동안 정지될 수 있다"는 것을 의미한다.

앞장에서 언급했던 네커 큐브라는 흔한 착시도형을 이용하면, 괄목할 만한 지각 멈춤 사례를 확인할 수 있다. 우리는 이 애매한 투시도를 들여다볼 때, 일반적으로 몇 초마다 한 번씩 관점이 바뀌는 현상을 경험한다. 왼쪽 정사각형과 오른쪽 정사각형이 교대로 도드라져 보이지만, 그 과정에서는 아무런 의식적 노력도 필요하지 않다. 그림 자체와 망막에 맺힌 상像은 변화하지 않으며, 도형의 모양이 번갈아 바뀌는 것은 순전히 대뇌피질의 처리 과정 탓이기 때문이다. 즉, 대뇌피질은 두 개의 가능한 지각해석perceptual interpretation 사이에서 갈팡질팡하며 갈등을 느낀다. 실제로 실험을 해보면, 모든 참가자들에게서 이러한 관점 변화를 관찰할 수 있다. 그러나 멈춤 현상을 보이는 뇌염후파킨슨증 환자들은 사정이 다르다. 그들은 몇 분혹은 몇 시간 동안 네커 큐브를 들여다봐도 관점이 변하지 않고 항상 똑같은 정육면체로만 보이게 된다.◆

의식의 통상적인 흐름은 스냅숏 같은 작은 조각으로 단편화 fragmentation될 뿐만 아니라, 간헐적으로 몇 시간씩 유예될 수도 있는 것처럼 보였다. 나는 이러한 멈춤 현상이 영화시보다 훨씬 더 헷갈리고 기이하다는 생각이 들었다. 왜냐하면 '의식은 본질적으로 늘 변화하며 흐른다'는 생각이 윌리엄 제임스의 시대 이후 거의 자명한 이치처럼 받아들여져왔기 때문이다. 이제 나의 임상 경험을 통해, 제임스의 생각조차도 근본적인 재검토가 필요하게 되었다.

그래서 1983년 뮌헨 대학교의 요제프 칠Josef Zihl과 동료들이 동작맹motion blindness 사례를 완벽하게 기술했을 때, 나는 멈춤 현상에 더욱 큰 흥미를 느꼈다. 칠의 논문에 따르면, 뇌졸중을 앓은 L여사는 운동지각motion perception 능력을 영원히 상실했다고 한다(뇌졸중은 시각피질의 특정 영역을 손상시키는데, 생리학자들은 실험동물을 이용한 연구에서 그 부분이 운동지각에 필수적임을 밝힌 바 있다). L여사의 경우에는 정지된 화면이 몇 초 동안 요지부동이었는데, 그동안 자신의 주변에서 일어나는 어떤 움직임도 알아채지 못했지만, 시각을 제외한 지각과 사고의 흐름은 지극히 정상이었다. 그녀는 마주 보는 친구와 대화를 시작할 수도 있었지만, 친구의 입술 움직임이나 얼굴 표정이 변하는 것은 보지 못했다. 그리고 친구가 그녀의 뒤로 이동했는데도 불구하고 여전히 앞에 서 있는 것으로 인식했다. 심지어 친구의 음성이 등 뒤에서 들려오는데도 말이다. 그녀는 아득히 먼 거리에서 달려오는 승용차 한 대를 봤지만, 횡단보도를 건너려다 어느새 가까이 다가온

◆　내가《뮤지코필리아Musicophilia》에서 언급한 바와 같이, 음악은 멈춤 상태에서 중요한 역할을 수행할 수 있다. 음악의 리듬과 흐름이 환자들의 동작·지각·사고의 흐름을 회복시킬 수 있다는 것이다. 음악은 때때로 주형template이나 모델로 작용하여, 환자가 일시적으로 상실했던 시간감각과 운동감각을 회복시키는 것 같다. 따라서 멈춤 상태에 있는 파킨슨병 환자들에게 음악을 들려주면 움직이거나 심지어 춤을 출 수도 있다. 신경학자들은 직관적으로 음악용어를 사용하여, 파킨슨증을 '운동 더듬이kinetic stutter', 정상적인 동작을 '운동 멜로디kinetic melody'라고 부른다.

승용차에 치일 뻔했다. 찻주전자의 주둥이에 찻물 방울이 매달려 있는 것을 봤지만, 잠시 후 찻물이 찻잔에서 흘러넘쳐 테이블에 범람했다. 이러한 현상은 매우 당황스러우며 때로는 매우 위험할 수 있다.

내가 기술한 영화시와 칠이 기술한 동작맹 사이에는 뚜렷한 차이가 있으며, 영화시와 동작맹은 일부 뇌염후파킨슨증 환자들이 경험하는 장기적인 시각 멈춤(때로는 전반적인 멈춤) 현상과도 다를 수 있다. 이러한 차이점들로 미뤄볼 때 운동의 시지각과 시각의식의 연속성을 담당하는 메커니즘(또는 시스템)들이 여럿 존재하는 게 틀림없는 것으로 보이며, 이는 지각실험 및 심리실험에서 얻은 증거와도 일치한다. 이러한 메커니즘들 중 일부(또는 전부)는 특정 약물 중독, 일부 편두통 발작, 그리고 일부 뇌손상의 경우에 제대로 작동하지 않을 수 있다. 그러나 정상적인 상태에서 그러한 메커니즘들이 제대로 작동할 거라고 장담할 수 있을까?

명백한 사례 하나가 문득 떠오른다. 많은 독자들은 균일하게 회전하는 물건들(선풍기, 바퀴, 프로펠러)을 들여다볼 때, 움직임의 연속성이 끊어지는 듯 보여 어리둥절했던 적이 있을 것이다. 나는 가끔 침대에 누워 천장의 실링팬을 올려다보는데, 팬이 갑자기 몇 초 동안 역회전했다가 (역시 갑자기) 원래의 방향으로 회전하는 것을 보게 된다. 어떤 때는 팬이 맴돌다가 멈추고, 어떤 때는 팬이 하나 더 등장하거나 팬보다 넓은 띠가 나타나기도 한다. 물론 느낌이 그렇다는 것이다.

영화를 관람할 때도 비슷한 현상이 일어난다. 가끔 역마차의 바퀴가 거꾸로 천천히 돌아가거나 거의 움직이지 않는 것처럼 보인다. 이러한 현상을 마차바퀴착시wagon-wheel illusion라고 하며, 촬영속도와 바퀴의 회전속도의 동기화synchronization가 불충분한 데서 유래한다. 그러나 아침 햇살이 내 방으로 몰려들어와 모든 것을 균일하게 비출 때, 나는 천장에서 돌아가는 실링팬에서 리얼한 마차바퀴착시 현상을 경험한다. 영화를 보는 게 아닌데도 말이다. 그렇다면, 나 자신의 지각 메커니즘에서도 무비카메라와 비슷한 일종의 깜박임이나 동기화 불충분 현상이 발생하는 건 아닐까?

데일 퍼브스Dale Purves와 동료들은 마차바퀴착시를 매우 상세하게 분석하여, 이런 종류의 착시나 오지각misperception이 모든 참가자들에게 일어나는 보편적 현상임을 확인했다. 그들은 불연속성의 다른 원인들(불규칙한 조명, 안구 운동 등)을 배제한 후, 다음과 같은 결론을 내렸다. "시각계는 정보를 초당 3~20개의 순차적인 에피소드sequential episode로 처리한다. 그리고 이러한 순차적 이미지는 통상적으로 '끊이지 않는 지각흐름'으로 느껴진다." 어떤가, 우리의 시각계는 무비카메라와 똑같은 원리로 작동하지 않는가? 퍼브스 덕분에, 우리가 영화를 실감나게 볼 수 있는 이유가 밝혀졌다. 우리의 뇌는 시간과 현실을 분할하여 불연속적 프레임으로 만든 다음, 그 프레임들을 다시 조립함으로써 외관상 연속된 흐름으로 인식하는 것이다.

퍼브스의 견해에 따르면, 우리의 뇌가 물체의 움직임을 탐지하여 분석할 수 있는 이유는 '우리의 눈앞에서 펼쳐지는 연속 장면을 일련의 순간들로 분해할 수 있기 때문'이다. 이때 뇌는 순차적인 프레임들에 포착된 사물의 위치 차이를 파악하여, 그로부터 운동의 방향과 속도를 계산하는 임무를 수행한다.

◆

그러나 지금까지 말한 것만으로는 충분하지 않다. 우리는 물체의 움직임을 로봇처럼 계산만 하는 게 아니라 지각하기도 하기 때문이다. 다시 말해서, 우리는 물체의 색깔이나 채도彩度를 지각하는 것처럼 물체의 운동도 지각한다. 운동지각은 독특한 질적 경험으로, 시각적 인식과 의식에 필수적이다. 뇌가 객관적 계산objective calculation을 주관적 경험subjective experience으로 전환시키는 감각질qualia이 탄생한 배경에는, 우리의 이해력을 넘어서는 뭔가가 존재한다. 철학자들은 '객관에서 주관으로의 전환은 어떻게 일어나는가'와 '우리가 과연 그것을 이해할 수 있는지'를 놓고 끊임없이 논쟁을 벌여왔다.

제임스는 '의식하는 뇌'의 메타포로 조이트로프를 내세웠고 베르그송은 그것을 영화에 비유했지만, 조이트로프와 영화는 기껏해야 '감질나게 하는 비유와 이미지'에 불과했다. 신경과학이 그러한 이슈를 의식의 신경적 기초neural basis로 다루기 시작한 것은 겨우 20~30년 전부터였다.

의식에 대한 신경과학적 연구는 (의식이 '거의 손댈 수 없는 주제'로 간주되었던) 1970년대부터 주요 관심사로 부상하여, 전 세계 과학자들의 관심을 끌었다. 그리하여 오늘날에는 (인간 외에도 많은 동물에게 공통적인) 가장 기본적인 지각 메커니즘에서부터 그보다 높은 수준의 기억, 심상, 자아성찰의식self-reflective consciousness에 이르기까지 모든 수준의 의식이 연구되고 있다.

그렇다면 거의 상상할 수 없는 복잡한 과정, 즉 사고와 의식의 신경상관자neural correlate가 형성되는 과정을 규명하는 게 가능할까? 만약 가능하다면, 우리는 "수천억 개의 뉴런이 있고, 각각의 뉴런이 1,000개 이상의 시냅스를 보유하고 있는 인간의 뇌에서, 1초의 몇 분의 일이라는 시간 내에 100만 개 남짓한 뉴런 그룹(또는 연합)이 나타나거나 선택된다"고 상상해야 한다(여기서 각각의 뉴런 그룹은 1,000개 내지 1만 개의 뉴런으로 구성되어 있다). 이와 관련하여, 에덜먼은 의식에 관여하는 초천문학적 숫자의 뉴런 그룹들이 어떻게 작동하는지를 다음과 같이 설명했다. "모든 뉴런 그룹들은 셰링턴의 마법의 베틀 Enchanted Loom♦ 속에 들어 있는 수백만 개의 북shuttle처럼, 1초에 여러 번씩 서로 의사소통을 하며 다양한 패턴을 형성한다. 그 패턴들은 끊임없이 변화하지만, 그중에서 의미를 지니지 않은 것은 단 하나도 없다."

종래에는 모든 뉴런 그룹들의 밀도와 다채로움을 파악하는 것이 불가능했으며, 고도로 중첩되어 서로 영향을 주고받으며 흘러가는 변화무쌍한 의식의 층위層位를 파악하는 것은 엄두도 낼 수 없었다. 영화가 됐든, 연극이 됐든, 또는 문학적 서사가 됐든, 제아무리 강력한 예술의 힘을 빌리더라도 '인간의 의식이 정말로 어떻게 생겼는지'를 묘사하는 것은 어림도 없었으며, 고작해야 희미한 암시만 할 수 있을 뿐이었다.

♦ 셰링턴이 두뇌를 지칭하는 메타포로 사용하여 유명해진 말.

의식의 강

188

그러나 오늘날에는 뇌 속에 있는 100개 이상의 뉴런 활동을 동시에 모니터링하는 게 가능해졌는데, 이는 마취되지 않은 동물에게 간단한 지각 및 정신 과제를 부여한 후에 이루어진다. fMRI나 양전자단층촬영PET과 같은 뇌영상화 기술을 이용하면 커다란 뇌 영역의 활성과 상호작용을 분석할 수도 있는데, 이러한 비침습적 기술noninvasive technique들은 인간을 대상으로 '복잡한 정신활동을 수행하는 중에 어떤 뇌 영역이 활성화되는지'를 알아내는 데 이용된다.

이러한 생리적 연구 외에도, 비교적 새로운 연구 분야가 부상하고 있다. 그것은 가상 뉴런 집단이나 네트워크를 이용한 컴퓨터 신경모델링computerized neural modeling으로, 가상 뉴런 집단이 다양한 자극과 제약에 반응하여 어떻게 조직화되는지를 살펴보는 것이다.

이제 과학자들은 이러한 새로운 접근 방법과 기존에 사용하지 않았던 개념들을 결합하여, 의식의 신경상관자를 탐구하고 있다. 이것은 현대 신경과학에서 가장 근본적이고 흥미로운 모험이라고 할 수 있으며, 이 모험과 관련된 중요한 혁신은 집단적 사고population thinking라 할 수 있다. 집단적 사고란 거대한 뇌신경세포(뉴런) 집단과 경험의 힘을 감안한 사고를 말하는데, 여기서 경험은 뉴런 집단 간의 연결성의 힘을 변화시키고, 뇌 전체에서 (상호작용을 통해 경험의 범주화에 기여하는) 기능적 뉴런 그룹의 형성을 촉진하는 역할을 수행한다.

또한 과학자들은 뇌를 컴퓨터처럼 프로그래밍된 경직되고 고정된 모드로 간주하지 않고, 경험적 선택experiential selection이라는 강력한 생물학적 개념을 이용하여 설명하고 있다. 그들에 의하면, 경험은 유전적·해부학적·생리적 한계 내에서 뇌의 연결성과 기능을 문자 그대로 형성한다고 한다.

(약 1,000개의 개별 뉴런으로 구성된) 뉴런 그룹이 선택되는 것과, 선택된 뉴런이 평생 동안 개인의 뇌 형성에 영향을 미치는 것은 종의 진화 과정에서 자연선택이 수행하는 역할과 유사하다. 따라서 집단적 사고라는 아이디어를 1970년대에 제창한 제럴드 M. 에덜먼은 신경 다윈주의neural Darwinism를 언급했으며, 개별 뉴런의 연결성에 더욱 깊은 관심을 가졌던 장피에르 상죄Jean-Pierre Changeux는 시냅스의 다윈주의Darwinism of synapses를 언급했다.

윌리엄 제임스는 "의식은 사물thing이 아니라 과정process이다"라고 늘 주장했다. 에덜먼은 이러한 과정의 신경적 기초를 '뉴런 그룹들 간의 역동적인 상호작용 중 하나'로 간주하고, 이 상호작용은 대뇌피질과 시상하부 등의 상이한 뇌 영역은 물론 대뇌피질 속의 다른 부분들에 존재하는 뉴런 그룹들 사이에서도 이루어진다고 주장했다. 에덜먼은 의식이 '기억을 담당하는 영역(전두엽)'과 '지각의 범주화를 담당하는 영역(후두엽)' 사이에서 일어나는 엄청난 호혜적 상호작용에서 유래한다고 생각했다.♦

◆

프랜시스 크릭Francis Crick은 제임스 왓슨James Watson과 함께 DNA 구조의 발견자로 명성을 날렸지만, 동료 크리스토프 코흐와 함께 '의식의 신경적 기초 연구the study of neural basis of consciousness'라는 분야를 개척하기도 했다. 두 사람은 1980년대에 최초의 공동연구를 수행한 후 기본적인 시지각과 시각 과정으로 범위를 좁혀, "시각뇌visual brain가 연구에 가장 적합하며, 가장 높은 형태의 의식을 연구하고 이해하는 모델이 될 수 있다"는 사실을 깨달았다.♦♦

2003년 발표한 〈의식의 체계A Framework for Consciousness〉라는 종합적 논문에서, 크릭과 코흐는 운동지각의 신경상관자, 시각의 연속성이 지각되거나 구성되는 과정, 더 나아가 의식 자체의 외견상 연속성을 분석하여 다음과 같은 결론을 내렸다. "시지각은 순간순간 불연속적으로 일어나며, 시각의 의식적 인식conscious awareness이란 일련의 정지된 스냅숏에 동작을 입히는 것을 말한다."

나는 위의 구절을 처음 읽는 순간 깜짝 놀랐다. 왜냐하면 그 어구語句가 제임스와 베르그송이 한 세기 전 제시한 개념에 기초한 것처럼 보이는 데다, 나 역시 1960년대에 편두통 환자에게서 영화시에

♦ 그러나 모든 패러다임이나 개념들이 전적으로 느닷없이 등장한 것은 아니었다. 뇌와 관련된 집단적 사고라는 개념은 1970년대에 와서야 등장했지만, 그로부터 25년 전 중요한 선례가 하나 있었다. 도널드 헤브는 1949년에 발간한 유명한《행동의 조직The Organization of Behavior》에서, 신경생리학과 심리학 간의 커다란 차이를 일반이론으로 메우려고 노력했다. 그는 그 이론을 이용하여 신경적 과정을 정신적 과정과 연결시키고, 경험이 뇌를 어떻게 변화시킬 수 있는지를 증명하고 싶어 했다. 그는 (뇌세포들을 서로 연결시키는) 시냅스가 변화의 잠재력을 갖고 있다고 생각했는데, 그의 독창적인 개념은 곧 검증되어 새로운 사고방식의 등장을 위한 장場을 열었다. 오늘날 우리는 하나의 뇌신경세포가 최대 1만 개의 시냅스를 만들 수 있으며 뇌 전체로는 1,000억 개의 뉴런을 갖고 있음을 알고 있다. 따라서 뇌가 변화할 수 있는 능력은 사실상 무한하다고 볼 수 있다. 오늘날 의식에 대해 생각하는 신경과학자들은 모두 헤브에게 빚을 지고 있음을 잊어서는 안 된다.
♦♦ 코흐는《의식의 탐구The Quest for Consciousness》라는 저서에서, 자신과 크릭의 공동연구 과정을 생생하고 친밀하게 기술했다.

관한 이야기를 들은 후 똑같은 개념을 마음속에 품고 있었기 때문이다. 그러나 크릭과 코흐의 개념에는 플러스알파가 있었는데, 그것은 '뉴런 활동에 기반을 둔 의식의 토대'를 암시한다는 것이었다.

크릭과 코흐가 가정한 스냅숏들은 영화의 스냅숏과 달리 균일하지 않다. 그들은 연달아 이어지는 스냅숏들의 지속시간duration이 일정하지 않으며, 설상가상으로 대상물의 형태와 색깔에 대한 스냅숏의 지속시간이 각각 다를 수 있다고 생각했다. 그렇다면 시감각visual sense을 위한 스냅숏 촬영 메커니즘은 상당히 단순하고 반사적이며, 비교적 저급한 신경 메커니즘이라는 인상을 준다. 그러나 각각의 지각 표상◆에는 매우 많은 시각속성visual attribute이 포함되어 있으며, 이 속성들은 일종의 전의식 수준preconscious level에서 하나로 결합된다.◆◆

그러면 다양한 스냅숏들이 조립되어 겉보기 연속성을 얻는 과정은 무엇이며, 그것들이 의식의 수준에 도달하는 방법은 무엇일까?

어떤 동작의 지각은 시각피질visual cortex의 운동중추에서 특정한 속도로 발화되는 뉴런에 의해 표상되지만, 이것은 단지 정교한 과정의 시작일 뿐이다. 의식에 도달하려면, 이러한 뉴런 발화(또는 좀 더

◆　대상에 대한 지각의 결과로 형성된 정신적 표상.

◆◆　시각속성의 결합을 설명하는 가설 중 하나에서는 "감각영역의 한 부분에서 뉴런의 발화neuronal firing가 동기화된다"고 제안한다. 하지만 때로는 동기화에 실패할 수도 있다. 크릭은 1994년에 발간한《놀라운 가설The Astonishing Hypothesis》에서, 이와 관련된 우스운 사례를 예로 들었다. "내 친구가 붐비는 거리를 걷던 중 한 동료를 발견하고, 그에게 말을 걸려다가 이상한 점을 발견했다. 까만 수염은 다른 행인의 것이었고, 대머리와 안경은 또 다른 사람의 것이었다."

높은 수준의 지각 표상)의 강도가 특정한 문턱값threshold을 넘어선 후 그 강도를 계속 유지해야 한다.

먼저, 문턱값에 대해 살펴보자. 크릭과 코흐에 따르면 의식이란 문턱값 현상threshold phenomenon을 의미하며, 뉴런 그룹은 이를 위해 뇌의 다른 영역(보통은 전두엽)과 관계를 맺음과 동시에 수백만 개의 다른 뉴런들과 동맹coalition을 맺어야 한다. 이 동맹은 1초의 몇 분의 일이라는 짧은 시간 동안 형성되거나 해체되어야 하며, 시각피질과 수많은 뇌영역 간의 호혜적 연결을 수반한다. 뇌의 상이한 부분에서 이러한 신경동맹들이 형성되면, 동맹들 간의 의사소통을 통해 지속적인 양방향 상호작용이 이루어진다. 그리하여 하나의 의식적 시지각 표상은 수십억 개의 뉴런들을 동시에 활성화시키며, 이들 뉴런은 독자적으로 행동하지 않고 상호 간에 영향력을 행사한다.

다음으로, 문턱값 현상 이후의 과정에 대해 살펴보자. 하나의 동맹(또는 동맹끼리 연합한 대동맹)이 최종적으로 의식에 도달하려면, 발화 강도의 문턱값을 넘는 것만으로는 부족하다. 문턱값을 넘는 것은 기본이고, 그 상태가 일정한 시간(약 100밀리세컨드) 동안 지속되어야 하는데, 이 시간을 지각의 순간perceptual moment이라고 한다.◆

크릭과 코흐는 시각의식의 겉보기 연속성을 설명하기 위해 "신

◆　지각의 순간이라는 용어는 1950년대에 심리학자 J. M. 스트라우드 J. M. Stroud 가 〈심리학적 시간의 미세한 구조 The Fine Structure of Psychological Time〉라는 논문에서 처음 사용했다. 그에 따르면, 지각의 순간이란 심리학적 시간의 최소단위로, 감각정보가 하나의 단위로 통합되는 데 소요되는 시간(그가 실험을 통해 약 '1초의 10분의 1'로 추정함)을 의미했다. 그러나 크릭과 코흐가 지적한 것처럼, 스트라우드의 '지각의 순간 가설'은 반세기 동안 사실상 무시되었다.

경동맥의 활성은 이력현상hysteresis을 보인다"고 제안했다. 이력현상
이란 자극이 멈춘 후에도 신경의 활성이 지속되는 현상을 말하는데,
어떤 면에서 19세기에 나온 시각의 연속성이라는 개념과 매우 비슷
하다.◆ 헤르만 폰 헬름홀츠는 1860년에 발표한《생리학적 광학 편
람Treatise on Physiological Optics》에서 이렇게 말했다. "시각의 겉보기 연
속성이 유지되려면, 직전 이미지가 접수된 후 그 여파가 희미해지
기 전에 다음 이미지가 접수되는 것만으로도 충분하다." 헬름홀츠
와 그의 동시대인들은 그러한 여파가 망막에서 일어날 거라고 짐작
했지만, 크릭과 코흐는 대뇌피질 속의 뉴런 동맹에서 일어난다고 생
각했다. 다시 말해서, 연속성이라는 감각은 언이어 지각된 순간들의
부분적 겹침 현상이 계속됨으로써 생겨난 결과물이라고 할 수 있다.
같은 맥락에서, 내가 앞에서 언급한 영화시의 형태(날카롭게 분리된 스
틸 사진, 또는 희미하고 겹치는 스틸 사진)는 신경동맹의 흥분성exitability에
이상이 발생한 나머지 이력현상이 너무 많거나 적게 일어남을 뜻한
다.◆◆

　시각은 통상적인 상황에서 이음새 없이 매끄럽게 이어지므로,

◆　니콜라스 웨이드Nicholas Wade는《시각의 자연사A Natural History of Vision》라는 흥미로
운 책에서, 세네카Seneca, 프톨레마이오스Ptolemaeos 등의 말을 인용했다. 그들은 원을
그리며 빠르게 회전하는 햇불이 연속된 '불의 고리'처럼 보이는 현상을 관찰하고, 시각
상visual image이 상당한 시간 동안 지속되거나 유지되는 것이 틀림없다(세네카의 표현
을 빌리면, "시각이 더디게 진행된다")고 생각했다. 이러한 지속시간이 상당히 정확하게
측정된 것은 1765년이었지만(6/80초), 조이트로프 등의 도구를 이용하여 시각의 지
속성이 체계적으로 탐구된 것은 19세기였다. 마차바퀴착시와 비슷한 운동착시 현상도
일찍이 200년 전부터 잘 알려져 있었다.

우리는 그 밑바탕에 무슨 과정이 깔려 있는지 전혀 눈치챌 수 없다. 시각을 구성하는 요소들이 뭔지를 알려면, 실험동물이나 신경계장애 환자에서 시각의 연속성이 단절되는 장면을 관찰해야 한다. 특정 약물중독 환자나 중증 편두통 환자들이 경험하는 깜박거리고 반복되고 흐릿한 이미지는 '의식이 불연속적 순간들로 구성되어 있다'는 아이디어의 설득력을 높여준다.

그 메커니즘이야 어찌됐든, 불연속적인 시각 프레임이나 스냅숏의 융합은 '움직이며 흐르는 의식'의 전제 조건이다. 이러한 역동적 의식은 아마도 2억 5,000만 년 전쯤 파충류에서 처음 생겨났을 것이다. 양서류의 경우에는 이 같은 의식의 흐름이 존재하는 않는 듯하다. 예컨대 개구리는 능동적인 집중력이 부족하고, 사건을 시각적으로 추적하지 않는다. 개구리에게는 우리가 아는 시각세계나 시각의식이 없으며, 곤충 같은 물체가 시야에 들어오면 순전히 자동적으로 인식하여 혀를 냉큼 내미는 반사능력이 있을 뿐이다. 그러므로 개구리는 환경을 탐색하거나 먹이를 찾는 등의 행동을 하지 않는다.

역동적으로 흐르는 의식은 다양한 수준의 서비스를 제공한다. 가장 낮은 수준에서는 '능동적이고 연속적인 바라보기 및 탐색하기'를 허용하고, 가장 높은 수준에서는 '현재와 과거의 지각 및 기억의 상호작용'을 허용한다. 에덜먼은《뇌는 하늘보다 넓다: 의식이

◆◆　크릭과 코흐는 대안적 설명도 내놓았다. 그 설명에 따르면, 스냅숏이 흐릿하거나 지속되는 것처럼 보이는 이유는 '그것이 단기기억(또는 단기적인 시각의 완충기억memory buffer)에 도달하여 서서히 붕괴되기 때문'이라고 한다.

라는 놀라운 재능Wider Than the Sky: The Phenomenal Gift of Consciousness》에서 이러한 의식을 1차의식primary conscious이라고 불렀다. 그리고 1차의식은 자연계에서 벌어지는 생존경쟁에 매우 효과적이고 적응적이라고 했다.

1차의식을 가진 정글의 동물을 상상해보라. 바람의 방향이 바뀌고 어둠이 깔리기 시작할 때, 그는 낮게 으르렁거리는 맹수들의 울음소리를 듣는다. 그러면 그는 재빨리 안전한 지역으로 대피한다. 물리학자들은 이러한 사건들 간의 인과관계를 전혀 파악하지 못할 것이다. 그러나 1차의식을 가진 동물들은 동시에 발생하는 일련의 사건들을 보고 들으며 임박한 사건을 예감한다. 그중에는 호랑이가 등장할 때도 있는데, 이러한 예측 능력은 아마도 경험을 통해 습득된 듯하다. 의식은 현재의 장면들을 의식적 경험conscious experience의 역사와 통합하는데, 이러한 통합 능력은 호랑이의 등장 여부와 무관하게 생존가치 survival value가 있다.

우리 인간은 언어와 자의식, 과거와 미래에 대한 뚜렷한 감각을 발판으로 하여 비교적 단순한 1차의식에서 고차의식, 즉 인간의식 human consciousness으로 도약했다. 인간의식은 모든 개인의 의식에 주제적으로나 개인적인 연속성을 부여한다. 나는 7번가의 한 카페에 앉아 이 글을 쓰며, 세상이 돌아가는 것을 바라본다. 나의 주의력과 집중력은 이리저리 바삐 움직이며, 빨간 드레스를 입은 소녀가 지나가는 모습, 한 남자가 재미있게 생긴 반려견을 데리고 가는 모습, 그리고 태양이 마침내 구름을 비집고 나오는 장면을 본다. 그러나 그런 것들 말고 의도치 않게 내 주의를 끄는 것들도 있다. 자동차 경적 소리, 담배 연기 냄새, 인근의 가로등 불빛…. 이 모든 사건들은 잠시 동안 내 주의를 끈다. 그런데 1,000가지 가능한 지각 중에서, 내가 유독 그런 것들에만 주목하는 이유는 뭘까? 그 배경에는 아마도 성찰, 기억, 연상 등이 깔려 있을 것이다. 의식이란 늘 능동적이고 선택적이기 마련이므로, 나의 선택에 정보를 제공하고 나의 지각에 영향력을 행사한다. 그리하여 모든 감정과 의미는 나 자신만의 독특한 것이 된다. 그러므로 내가 지금 바라보는 것은 단순한 7번가가 아니라 '나만의 7번가'이며, 거기에는 나만의 개성과 정체성이 가미되어 있다.

크리스토퍼 이셔우드Christopher Isherwood는 〈베를린 일기A Berlin Diary〉의 서두에서, 활짝 웃는 카메라 작가의 분위기를 한껏 자아내며 이렇게 썼다. "나는 카메라다. 셔터를 열어놓고 매우 수동적으로 기록만 하고 생각하지 않는다. 건너편 창가에서 면도하는 남자, 기모노를 입고 머리 감는 여인을 기록한다. 언젠가는 이 모든 것들을 현상하고 조심스럽게 인화하여 고정시켜야 할 날이 올 것이다." 그러나 우리가 수동적이고 공정한 관찰자가 될 수 있다고 생각한다면, 그건 자신을 스스로 기만하는 것이다. 우리가 의도했든 말았든, 알았든 몰랐든, 모든 지각과 장면들은 우리 자신에 의해 형성된다. 우리는 우리가 만드는 영화의 감독인 동시에 배우다. 모든 프레임과 순간들은 우리 자신의 모습인 동시에 우리가 만든 것이기도 하다.

그러면 우리의 프레임과 순간들은 어떻게 서로 연결되는 것일까? 만약 그때그때 일시적인 것들만 존재한다면, 우리는 어떻게 연속성을 이룰 수 있을까? 우리의 '지나가는 생각들'은 언뜻 보면 1880년대의 카우보이 느낌이 나지만, 사실은 윌리엄 제임스가 말했듯이 결코 들소들처럼 방황하지 않는다. 모든 생각들에는 소유권이 있고, 소유자의 상표가 붙어 있다. 제임스의 말을 빌리면, 모든 생각들은 과거의 생각들을 소유하고 태어나, 미래 생각의 소유물로 죽는다. 그리하여 우리가 자아로서 깨달은 것을 하나도 남김없이 나중의 소유자에게 전달된다.

그러므로 의식의 밑바탕에 깔린 지각의 순간은 단순한 물리적 순간이 아니라, 본질적으로 우리의 자아를 구성하는 개인적인 순간들이다. 그것들은 궁극적으로 프루스트Proust적 이미지를 형성한다. 그 자체는 사진술을 떠올리게 하고, 보르헤스의 강물처럼 서로 맞물려 흘러가지만, 우리는 전적으로 순간들의 집합체로 구성되어 있다.

암점―과학계에 비일비재한 망각과 무시

우리는 과학사를 살펴보면서 과거를 되짚어볼 수도 있고 앞날을 내다볼 수도 있다. 즉 초기 단계의 사상들을 더듬어보며 시사점을 생각하고 현재의 사상들을 예상해볼 수 있다. 또는 사상의 진화에 초점을 맞추고, 과학자들이 한때 내놓았던 아이디어들의 효과와 영향력을 점검해볼 수도 있다. 어느 경우가 됐든, 우리는 과학사를 발전과 개화開花로 점철된 하나의 연속체continuum로 상정하기 쉽다. 마치 다윈의 계통수tree of life처럼 말이다. 그러나 우리는 종종 '장엄한 펼쳐짐'과 무관한 것을 발견하며, 어떤 의미에서 연속체와 거리가 먼 것과 맞닥뜨리기도 한다.

나의 첫사랑 '화학'에 몰두할 때, 나는 과학사가 얼마나 기만적일 수 있는지 깨닫기 시작했다. 소년 시절 화학사를 읽으며, 우리가 현재 산소라고 부르는 것은 1670년대에 존 메이요John Mayow가 발견한 것이나 진배없음을 알게 되었다. 그것은 스웨덴의 셸레Scheele와 영국의 프리스틀리Priestley가 산소를 발견하기 한 세기 전에 일어난 사건이었다. 메이요는 신중한 실험을 통해, 우리가 들이마시는 공기의 약 5분의 1이 '연소와 호흡에 모두 필요한 물질'로 구성되어 있음을 증명했다. 그래서 그는 산소를 초공기정nitro-aerial spirit이라고 불렀다. 그러나 뒤이어 등장한 경쟁 이론인 플로지스톤설phlogiston theory◆의 장막에 가려, 당시에 널리 읽혔던 메이요의 예지력 넘치는 저술은 사람들의 기억에서 사라졌다. 플로지스톤설은 그 후 한 세기 동안 세상을 지배하다, 1780년대에 이르러 라부아지에Lavoisier에 의해 결국 부인되었다. 메이요는 그보다 100년 전, 서른아홉 살의 젊은 나이에 세상을 떠났다. 화학사를 저술한 F. P. 아미티지F. P. Armitage는 이렇게 썼다. "메이요가 조금만 더 오래 살았더라면, 플로지스톤설의 등장을 원천적으로 막을 수 있었을 텐데. 그리하여 라부아지에의 혁명적 연구를 불필요하게 만들 수도 있었을 텐데." 화학사가 완전히 달라질 수도 있었다는 아미티지의 말은 존 메이요에 대한 낭만적 열광에서 비롯된 것일까, 아니면 과학의 진화와 발전의 구조에 대한 낭만적 오해에서 비롯되었을까?◆◆

과학계에는 역사를 망각하고 무시하는 경우가 비일비재하며, 나는 통증 클리닉에서 일하기 시작한 새내기 의사 시절 그런 사례들을 똑똑히 목격했다. 나의 임무는 편두통, 긴장성두통 등을 진단하여 치료법을 처방하는 것이었다. 그러나 나는 그런 질병들만 상대할

◆　가연성 물질은 플로지스톤이라고 하는 성분을 함유하고 있으며, 연소는 플로지스톤이 선회 운동을 하면서 물질에서 빠져나가는 현상이라고 설명하는 이론. (옮긴이)

수 없었다. 나와 마주한 환자들 중 상당수는 종종 다른 증상을 호소했고, 나 역시 다른 증상들을 발견하곤 했다. 어떤 때는 고통스럽고 어떤 때는 흥미로웠지만, 사사로운 감정은 의료 현장의 본질적인 부분이 아니었으며 최소한 진단을 내리기 위해서라도 그런 감정은 불필요했다.

고전적인 시각 편두통visual migraine에는 이따금씩 소위 전조증상aura이 선행하는데, 이 경우 환자들은 섬광을 뿜어내는 지그재그 무늬가 시야를 서서히 가로지르는 것을 보게 된다. 이것은 잘 기술되고 이해된 증상이지만, 드물게 복잡한 기하학적 패턴이 나타나는 환자들도 있다. 그것은 지그재그 무늬를 대체하거나 별도로 추가되는 식인데, 격자·소용돌이·깔때기·거미줄 등의 다양한 모양들이

◆◆ 내가 다니던 학교의 선생님이었던 아미티지는 1906년에 책을 펴냄으로써 에드워드 시대 남학생들의 열정을 자극했다. 그러나 나는 이제 다른 눈으로 과학사를 바라보고 있다. '산소를 발견한 사람이 프랑스인이 아니라 영국인'이라는 그의 주장에는 왠지 낭만적이고 국수주의적 입장이 숨어 있는 것처럼 보인다.
윌리엄 브록William Brock은 《화학의 역사History of Chemistry》에서 아미티지와 다른 관점을 제시한다. "모든 화학사가들은 나중에 나온 하소calcination(금속의 산화) 이론과 메이요의 설명 사이에서 유사점을 찾으려고 하는 경향이 있다. 그러나 그런 유사성은 피상적일 뿐이다. 왜냐하면 메이요의 이론은 연소에 대한 화학 이론이 아니라 기계적 이론이었기 때문이다. 메이요의 이론에서는 자연법칙과 초자연적 힘이 공존하는 이원적 세계로 회귀하는 조짐이 엿보인다."
17세기의 가장 위대한 혁신가들은 중세의 연금술, 신비주의, 비술秘術에 양다리를 걸친 상태였다. 뉴턴의 경우에도 예외가 아니어서, 그는 죽는 순간까지 연금술과 (소수만 이해하는) 비전秘傳에 대한 강력한 관심을 버리지 않았다. 이러한 팩트는 존 메이너드 케인스John Maynard Keynes가 1946년 발표한 〈인간이었던 뉴턴Newton, the Man〉이라는 에세이를 통해 세상에 알려질 때까지 거의 잊혀 있었지만, "17세기의 과학계에 '현대적인 것'과 '비술적인 것'이 오버랩되는 분위기가 만연했다"는 사실은 오늘날 상식으로 통한다.

지속적으로 이동하고 회전하고 변형된다. 그러나 최신 의학 문헌들을 뒤져보니, 기하학적 무늬에 대해서는 일언반구도 없었다. 어안이 벙벙해진 나는 19세기의 문헌을 들춰보기로 했다. 그랬더니 거기에는 편두통의 전조증상들이 훨씬 더 자세하고 생생하고 풍부하게 기술되어 있었다.

내가 처음으로 발견한 것은 대학 도서관의 희귀본 열람실에서 대출받은 책에 나오는 내용이었다(1900년 이전에 나온 책은 모두 희귀도서로 분류되었다). 그 책은 빅토리아 시대의 내과의사 에드워드 리빙Edward Liveing이 1860년대에 쓴 것으로, 놀랍게도《편두통, 구토성 두동, 약산의 관련 장애에 관하여: 심각한 신경질환의 병리학Sick-Headache and Some Allied Disorders: A Contribution to the Pathology of Nerve-Storms》이라는 긴 제목을 갖고 있었다. 그 책은 방대한 만연체의 책으로, 우리 시대보다 훨씬 더 한가롭고 덜 엄격한 시대에 쓰인 게 분명해 보였다. 정작 내가 궁금했던 '복잡한 기하학적 패턴'에 대해서는 수박 겉 핥기식으로 다뤄 적이 실망했지만, 다행스럽게도 참고문헌을 하나 달아놨다. 그것은 1858년 저명한 천문학자 존 프레더릭 허셜John Frederick Herschel이 쓴 〈시감각에 관하여On Sensorial Vision〉라는 논문이었다. 나는 마치 노다지를 캔 듯한 기분이 들었다. 허셜은 내 환자들이 말한 바로 그 현상들을 꼼꼼하고 정교하게 기술했다. 자신이 그런 현상들을 몸소 경험했기에, 가능한 본질과 기원에 대해 깊은 통찰력을 과시했다. 그는 그 전조증상을 기하학적 스펙트럼geometrical spectra이라고 부르고, 그것을 일으키는 세 가지 원천을 나열했다. 첫째는 감각중추 속에 존재하는 일종의 만화경 능력kaleidoscopic power, 둘째는 마음속에 존재하는 원시적이고 전개인적인pre-personal 생성력generating power, 셋째는 지각의 초기단계(또는 전구기prodromal stage)였다.

허셜이 논문을 발표하고 난 후 1세기 동안, 그가 말한 '기하학적 스펙트럼'을 충분하게 기술한 사람은 아무도 없었다. 내가 보기에, 시각 편두통 환자들은 스무 명당 한 명꼴로 간혹 기하학적 스펙트럼을 경험하는 게 분명했다. 그럼에도 불구하고 그렇게 '놀랍고, 매우 독특하고, 오해의 여지가 없는 환각 패턴'이 그렇게 오랫동안 사람들의 시선을 끌지 못한 이유는 뭘까?

일단 누군가가 그 현상을 추가로 관찰하여 보고해야만 했다. 허셜이 〈시감각에 대하여〉를 발표한 1858년, 프랑스의 신경학자 기욤 뒤센Guillaume Duchenne은 오늘날 근육퇴행위축muscular dystrophy이라고 불리는 질병을 앓는 어린이의 사례를 보고했다. 그로부터 1년 후 열세 건의 사례에 대한 보고서가 제출되었다. 뒤센의 관찰은 임상신경학의 주류에 신속히 편입되어, 엄청나게 중요한 장애로 다루어졌다. 의사들은 도처에서 근육퇴행위축을 발견하기 시작했고, 몇 년이 채 지나지 않아 수십 건의 사례들이 의학 문헌에 추가로 등장했다. 그 장애는 늘 존재했고 어디에나 있었고 오해의 여지가 없었지만, 뒤센 이전에 이를 보고한 의사들은 극소수에 불과했다.♦

그러나 허셜이 제출한 환각 패턴에 대한 논문에 대해 의학계의

♦ 뒤센의 제자 중에서 가장 유명한 장마르탱 샤르코는 이렇게 말했다.
"그렇게 흔하고 광범위하고 한눈에 알아볼 수 있는 질병이 이제서야 인식되다니! 우리가 눈을 뜨는데 M. 뒤센의 도움이 꼭 필요했던 것일까?"

반응은 감감무소식이었다. 그건 아마도 허셜이 의사가 아니라, 호기심이 유난히 강한 독립적 관찰자이기 때문이었을 것이다. 그는 자신의 관찰이 과학적으로 중요하다(그리고 뇌에 관한 깊은 통찰력을 제공할 수 있다)는 점을 간파했지만, 그것의 의학적 중요성은 그의 주요 관심사가 아니었다. 따라서 그의 논문은 의학 저널이 아니라 일반적인 과학 저널에 실렸다. 하지만 편두통은 일반적으로 '의학계의 소관 사항'으로 간주되었으므로, 의사들은 천문학자인 허셜의 기술을 괜한 오지랖쯤으로 여겼다. 그래서 리빙의 책에서 간단히 언급된 후, 의학 전문가들에 의해 망각되고 무시되었다. 어떤 의미에서 허셜의 관찰이 시대를 너무 앞섰을 수도 있다. 설사 그가 정신과 뇌에 관한 새로운 과학적 아이디어를 제시할 생각이 있었더라도, 1850년대에는 그럴 여건이 조성되지 않은 상태였다. 그도 그럴 것이, 그로부터 1세기 이상 지난 1970년대와 1980년대에 카오스이론chaos theory이 등장하면서 그와 관련된 개념들이 통용되었으니 말이다.

카오스이론에 따르면, 복잡한 역동 시스템에서 모든 요소들(예컨대, 1차 시각피질에서 개별 뉴런이나 뉴런 그룹)의 개별 행동을 예측하는 것은 불가능하지만, 수학적 모델과 컴퓨터 분석을 통해 높은 수준의 패턴을 파악하는 것은 가능하다. 그러한 동적 비선형 시스템dynamic, nonlinear system의 자기조직화self-organization 방식을 파악할 수 있는 보편적 행동은 존재하기 때문이다. 이러한 행동들은 시공간적으로 되풀이되는 복잡한 패턴, 즉 편두통 환자의 기하학적 환각에서 볼 수 있는 그물·소용돌이·나선형·거미줄과 같은 형태를 띠는 경향이 있다.

오늘날 자연계에서는 그처럼 무질서한 자기조직적 행동들이 광범위하게 관찰되고 있다. 예를 들면 명왕성의 특이한 운동, 특정 화학반응, 점균류의 증식 과정, 예측을 불허하는 날씨 변화에서 나타나는 두드러진 패턴이 그것이다. 그에 더하여, 지금껏 대수롭지 않게 여겨지거나 등한시되어온 현상, 이를테면 편두통 전조증상의 기하학적 패턴이 갑자기 새롭게 중요성을 인정받고 있다. 그것은 환시visual hallucination의 일종으로, 대뇌피질의 기본적 활동을 보여줄 뿐만 아니라 전적으로 자기조직적인 시스템의 보편적 행동이 존재한다는 것을 암시한다.◆

◆

나 자신의 편두통은 아랑곳하지 않고, 나는 투렛증후군에 대한 한물간 의학 문헌을 뒤져야만 했다. 대부분의 동료들은 그 책을 보고, 바뀐 내용이 많다거나 케케묵었다고 한마디씩 했다. 나나 투렛증후군 환자들이나 세상에서 외면받기는 마찬가지였다.

내가 1969년 L-도파를 이용하여 수많은 뇌염후파킨슨증 환자들을 깨울 수 있었을 때, 투렛증후군에 대한 나의 관심은 최고조에 달해 있었다. 상당수의 환자들은 최면에 걸린 듯 꼼짝도 하지 않다

◆ 나는 1970년 출간한 《편두통》 제1판에서 편두통의 전조증상을 기술할 때, "기존의 개념으로는 설명이 불가능하다"는 말밖에 할 수 없었다. 그러나 1992년 출간된 개정판에는 동료 랄프 M. 시겔Ralph M. Siegel의 도움을 받아, 카오스이론이라는 새로운 관점에서 이 현상들을 설명하는 장章을 추가할 수 있었다.

가, L-도파를 복용한 후 아주 잠깐 동안의 정상 상태를 거쳐 반대쪽 극단으로 치달았다. 그리하여 맹렬한 운동과다hyperkinetic와 틱tic에 시달렸는데, 그 상태가 반쯤 신화적인 투렛증후군의 증상과 매우 유사했다. 내가 '반쯤 신화적'이라고 하는 이유는, 1960년대에는 투렛증후군에 대해 왈가왈부하는 사람이 극소수였기 때문이다. 그 당시만 해도 투렛증후군은 극히 예외적인 질환으로 간주되었고, 나 역시 어렴풋하게 소문만 듣고 있었다.

내가 투렛증후군을 생각하기 시작하던 1969년, 나는 환자들의 증상이 완연해지는 것을 보며 최신 참고문헌을 찾느라 무진 애를 먹었다. 나는 19세기의 문헌을 찾기 위해 다시 한번 도서관을 방문하여, 1885년과 1886년에 발표된 질 드 라 투렛Gilles de la Tourette의 논문과 그 이후에 나온 수십 편의 보고서를 열람했다. 대부분이 프랑스어로 적혀 있었지만, 그 시기에는 다양한 틱 행동에 대한 최고의 문헌들이 풍성했다. 그중 최고봉은 1902년 앙리 메이지Henri Meige와 E.파인델E. Feindel이 발표한《틱과 치료법Les tics et leur traitement》이었다. 그러나 그 책이 1970년 영어로 번역되었을 때는 투렛증후군에 대한 관심이 거의 사라지고 보고된 발병 건수도 제로에 가까워졌다.

그런 무관심의 이유가 뭘까? 종전에는 과학 현상을 단순히 기술하는 것만으로도 충분했지만, 바야흐로 21세기를 눈앞에 두고 과학 현상을 설명하라는 여론이 비등했는데도 말이다. 그 이유는 아마도, 투렛증후군을 설명하기가 유난히 어려웠기 때문인 것으로 보인다. 가장 복잡한 형태의 경우, 경련발작을 일으키고 시끄러운 소리를 내는 것은 물론 틱, 충동, 강박증obsession, 농담과 말장난 일삼기,

경계선 넘나들기, 사회적 물의 일으키기, 지나치게 정교한 판타지 등을 수반했다. 정신분석학 용어를 동원하여 투렛증후군을 설명하려는 시도가 있기는 했지만, 일부 현상에만 한줄기 빛을 비출 뿐 다른 현상을 설명하는 데는 무기력함을 보였다. 게다가 투렛증후군에는 기질적인 요소도 포함되어 있는 게 분명했다. 1960년 (도파민의 효과를 상쇄하는 것으로 알려진) 할로페리돌haloperidol이 투렛증후군의 증상들을 상당 부분 치료한다는 사실이 밝혀지자, 신경과학자들은 매우 실용적인 가설을 제시했다. 그 내용인즉, "투렛증후군은 본질적으로 화학적 질환으로, 신경전달물질인 도파민 과잉(또는 도파민에 대한 과도한 감수성) 때문에 발생한다"는 것이었다.

이처럼 수월한 환원론적 가설이 등장하자 투렛증후군은 갑자기 주목을 받기 시작하여, 발병 빈도가 자그마치 1,000배쯤 증가했다(오늘날 투렛증후군의 유병률은 100명당 한 명으로 여겨지고 있다). 현재 신경과학자들은 투렛증후군에 대한 고강도 연구를 진행하고 있지만, 주로 분자 및 유전적 측면에 치중하고 있다. 이는 투렛증후군 환자들에게 나타나는 전반적인 흥분성overall exitability을 어느 정도 설명할 수 있지만, 코미디·판타지·흉내·조롱·꿈·과시·도발·놀이에 몰두하는 특이 성향은 제대로 설명하지 못한다. 우리는 바야흐로 '순수한 기술記述의 시대'에서 '활발한 탐구 및 설명의 시대'로 접어들었지만, 그 과정에서 투렛증후군 자체가 세분화되어 더 이상 총체적으로 바라보기 어렵게 되었다.

이 같은 세분화는 과학의 특정 단계(즉, '순수한 기술 단계'에 이은 '활발한 탐구 및 설명 단계)에서 전형적으로 나타나는 일시적 현상일 수도 있다. 그러나 세부적인 면에 집착할 경우, 나무만 보고 숲을 보지 못하는 우愚를 범할 수 있다. 그러므로 신경과학자들은 세부 사항들을 다시 취합하여 일관된 전체coherent whole의 관점에서 바라보는 노력을 소홀히 하지 말아야 한다. 이를 위해서는, 신경생리학적 수준에서부터 심리학적 수준, 나아가 사회학적 수준에 이르기까지 모든 수준의 결정요인determinant들을 이해할 필요가 있다. 또한 다양한 결정요인들 간의 지속적이고 흥미로운 상호작용도 고려해야 한다.◆

◆

나는 15년간 내과의사로서 환자의 신경질환만을 면밀히 관찰해왔지만, 1974년에는 나 자신이 신경심리학 증상을 경험하게 되었다. 나는 노르웨이의 오지에서 등산을 하던 중 왼쪽 다리의 신경과

◆ 정신의학 분야에서도 이와 비슷한 현상이 벌어졌다. 1920년대와 1930년대에 정신병원과 주립병원에 수용된 환자들의 진료기록을 살펴보면, 극단적으로 자세한 임상 및 현상학적 관찰 내용이 적혀 있음을 알게 될 것이다. 이따금씩 거의 소설만큼이나 풍부하고 밀도 있는 서사구조를 발견할 수도 있다. 20세기 초 크레펠린Kraepelin과 동료들의 논문에서 볼 수 있는 고전적 기술記述이 그 대표적인 예다. 그러나 엄격한 진단기준과 매뉴얼Diagnostic and Statistical Manuals(DSMs)이 제정되면서, 이처럼 풍부하고 상세한 현상학적 기록은 자취를 감추고, 빈약하기 짝이 없는 기록들이 등장했다. 그것들은 환자와 그의 정신세계를 사실적으로 묘사하지 않고, 이런저런 기준들을 근거로 하여 환자와 질병을 몇 가지로 분류했다. 오늘날 병원의 정신과 진료기록을 살펴보면, 과거의 진료기록에서 흔히 봤던 심도와 밀도가 거의 사라졌음을 알 수 있다. 이러한 현상은 우리가 꼭 필요로 하는 '신경과학과 정식과학 지식의 통합'에 별로 도움이 안 된다. 우리는 온고지신이라는 격언을 명심해야 한다. 고전적인 사례연구와 진료기록들은 헤아릴 수 없는 가치를 지닌 소중한 의학적 자산이다.

근육에 심각한 손상을 입었다. 그래서 인대를 복구하기 위해 외과 수술이 필요했고, 신경 치유를 위해 시간도 필요했다. 수술 후 2주 동안 다리에 깁스를 하고 있으니 운동능력과 감각이 완전히 상실되어, 다리가 내 몸의 일부가 아닌 것처럼 느껴졌다. 왼쪽 다리는 생명 없는 물체로서, 실물이 아니고 내 것도 아닌 '남의 다리'였다. 그러나 나의 느낌을 의사에게 전달하려고 하자, 의사는 고개를 절레절레 흔들며 이렇게 말했다. "색스, 당신은 참 독특해요. 나는 지금껏 환자들에게서 그런 말을 들어본 적이 단 한 번도 없어요."

나는 불합리한 건 의사지 내가 아니라고 생각했다. 내가 왜 독특하단 말인가? 장담컨대 의사가 환자들의 말에 귀를 기울이지 않아서 그렇지, 나와 비슷한 경험을 가진 환자들이 얼마든지 있을 거라고 생각했다. 다리를 어느 정도 움직일 수 있게 되자, 나는 곧바로 동료 환자들에게 말을 걸기 시작했다. 그랬더니 아니나 다를까, 상당수의 환자들이 '남의 사지'를 경험했노라고 말했다. 어떤 환자들은 매우 기이하게 여기고 겁을 먹은 나머지, 그런 느낌을 아예 잊으려 노력했다고 말했다. 어떤 환자들은 내심 걱정이 됐지만, 행여 왕따가 될 것을 두려워하여 입을 꼭 다물었다고 실토했다.

나는 병원에서 퇴원한 후, 그 주제에 관한 문헌을 찾아내기 위해 도서관으로 달려갔다. 그러나 3년 동안 단 한 권의 책은 물론 논문 한 편도 발견하지 못했다. 그러던 중, 나는 남북전쟁 때 필라델피아 병원에서 사지절단을 담당했던 미국의 신경학자 사일러스 위어 미첼Silas Weir Mitchell의 보고서를 우연찮게 접하게 되었다. 그는 분명하고 신중하게 환각지phantom limb(또는 감각유령sensory ghost)를 언급하며, "사지절단 환자들이 본래 사지가 있던 부위에서 느끼는 감각"이라고 설명했다. 그는 부정적 환각negative phantom에 대해서도 말했는데, 그것은 심각한 부상이나 수술 후에 '사지가 없어졌다'거나 '남의 사지처럼 따로 논다'고 느끼는 주관적 감각이었다. 그는 이러한 현상들에 큰 충격을 받아, 그 문제에 관한 특별한 유인물을 만들었다. 그리고 그 유인물은 1864년 의무감surgeon general의 지시에 따라 미국 의료계 전체에 배포되었다.

위어 미첼의 관찰은 일시적으로 많은 사람들의 관심을 끌었지만 곧 잊혔다. 그로부터 15년 후 제1차 세계대전이 진행되던 중, 신경학적 트라우마 환자로서 치료받던 수천 명의 병사들 중에서 그 증상이 다시 발견되었다. 1917년 프랑스의 신경학자 조제프 바빈스키Joseph Babinski는 쥘 프로망Jules Froment과 함께 발표한 모노그래프에서, 내가 내 다리에서 경험한 것과 똑같은 증상을 기술했다(그는 위어 미첼의 보고서가 존재한다는 사실을 몰랐던 게 분명하다). 그러나 이번에도 잊히기는 마찬가지였다. 바빈스키의 관찰은 위어 미첼의 관찰과 마찬가지로 흔적도 남기지 않고 물밑으로 가라앉았다(내가 1975년 도서관에서 바빈스키의 책을 발견했을 때, 1918년 이후 그 책을 처음 대출받은 사람은 바로 나였다).

그 후 제2차 세계대전이 진행되던 중, 환각지 증상은 두 명의 소비에트 신경학자들에 의해 역사상 세 번째로 완전하고 풍부하게 기술되었다. 그 장본인인 알렉세이 N. 레온티에프Aleksei N. Leont'ev와 알렉산더 자포로제츠Alexander Zaporozhets 역시 두 명의 선구자들을 전혀 모르고 있었다. 그러나 삼세번이라는 옛말은 실현되지 않았다. 두 사람이 쓴《손 기능의 재활Rehabilitation of Hand Function》이 1960년 영어로 번역되었음에도 불구하고, 그들의 관찰은 신경학자와 재활전문가들의 뇌리에 박히는 데 완전히 실패했다.◆

위어 미첼, 바빈스키, 레온티에프와 자포로제츠의 저술은 역사적 또는 문화적 암점scotoma에 빠져버렸다. 그것은 조지 오웰이 말하는 기억구멍memory hole이었다.

나는 범상치 않고 심지어 기이하기까지 한 환각지에 관한 스토리를 종합적으로 정리하면서, "지금껏 환자들에게서 그런 말을 들어본 적이 단 한 번도 없어요"라는 내 주치의의 말에 연민을 느꼈다. 그가 환각지라는 말을 들어보지 못했던 것은 그 증상이 드물어서가 아니었다. 환각지란 신경 손상이나 부동성immobility으로 인해 고유감각proprioception과 기타 감각피드백sensory feedback이 상당 부분 손상될 때마다 나타나는 현상이다. 그런데 이 현상을 기록하여, 사람들의 의식 속에 신경학적 지식으로 자리 잡게 하기가 그렇게 어려운 이유는 뭘까? 그 비밀은 암점에 있다.

신경학자들이 사용하는 '암점'이라는 용어는 '어둠'이라는 뜻을 가진 그리스어에서 유래한다. 암점이란 지각의 단절disconnection이나 중단hiatus을 의미하며, 본질적으로 신경병터neurological lesion에 의해서 생성되는 의식의 갭을 뜻한다(이러한 병터는 말초신경(나의 경우)

◆ 지난 수십 년 동안 많은 전쟁으로 인해 사지절단 환자들이 늘어나면서 연구에 불을 지폈고, 이와 함께 현대적 보철이 발달하면서 환각지에 대한 연구가 증가하고 이해가 향상되었다. 나는《환각》에서 환각지 증상을 매우 자세히 기술했다.

에서부터 대뇌의 감각피질에 이르기까지 다양한 수준에 존재할 수 있다). 그런데 암점을 가진 환자는 자신이 경험하는 바를 타인에게 전달하기가 매우 어렵다. 그는 자신의 경험을 스스로 부인하는 모순에 빠지는데, 그 이유는 '손상된 사지가 더 이상 내적 신체상internal body image의 일부가 아니기 때문'이다. 따라서 받아들이는 사람의 입장에서 볼 때, 자신이 실제로 경험하지 않는 이상 상대방의 암점을 액면 그대로 상상하는 것은 불가능하다. 내가 농담 반 진담 반으로 이렇게 말하는 것도 바로 그 때문이다. "사람들은 척수마취 상태에서《나는 침대에서 내 다리를 주웠다A Leg to Stand On》를 읽어야 한다. 그래야만 내가 그 책에서 말하는 게 뭔지 몸소 알게 될 것이다."

◆

환각지라는 괴상망측한 증상은 이쯤 해두고, 후천성대뇌완전색맹acquired cerebral achromatopsia이라는 좀 더 현실적인 현상으로 시선을 돌리기로 하자. 이 질병은 뇌손상이나 뇌병터가 생긴 이후에 찾아오는 완전색맹을 말하는데, 이상하리만큼 무시되고 무의식적으로 부인되는 환각지와 마찬가지다. 대뇌색맹은 망막의 색깔 수용체 한두 개가 결핍되어 발생하는 일반적인 색맹과 완전히 다르다. 내가 이 질병을 선택한 이유는, 그런 질병이 있다는 이야기를 우연히 듣고 궁금증이 생겨 자세히 탐구하고 있을 무렵 한 환자가 내게 편지를 보내왔기 때문이다.◆

나는 완전색맹의 역사를 살펴보다, 다시 한번 괄목할 만한 시대적 갭과 시대착오적 사례를 발견했다. 후천성대뇌완전색맹은 반완전색맹(시야의 절반에서만 색각을 상실하는 질환으로, 뇌졸중 후 갑자기 찾아옴)과 함께 1888년 스위스의 신경학자 루이 베레이Louis Verrey에 의해 모범적으로 기술되었다. 자신이 돌보던 환자가 나중에 사망하여 부검이 실시되었을 때, 베레이는 뇌졸중에 의해 시각피질이 손상된 부위를 정확히 기술하고 언젠가 그 부근에서 색각중추가 발견될 거라 예측했다. 베레이의 보고서가 나온 지 몇 년이 채 지나지 않아, 다른 연구자들이 비슷한 색각 문제와 그것을 초래한 병터에 관한 신중한 보고서들을 몇 건 더 발표했다. 그리하여 완전색맹과 그 신경적 기초가 든든히 확립되었지만, 어찌된 일인지 의학 문헌들은 일제히 침묵을 지켰다. 그리하여 자그마치 75년 동안 완전한 사례 보고서가 단 한 건도 발표되지 않았다.

안토니우 다마지우와 세미르 제키Semir Zeki는 베레이가 연루된 스토리를 매우 학구적이고 예리하게 서술했다.♦♦ 제키에 따르면, 1888년 발표된 베레이의 보고서가 과학계의 저항감을 불러일으켰다고 한다. 과학자들의 무의식 속에 깊이 뿌리박은 철학적 태도가

♦ 내가 《화성의 인류학자》에서 소개한 I씨는 색각이 정상인 화가였지만, 자동차 사고를 당한 후 갑자기 색각을 완전히 상실하고 후천성완전색맹 환자가 되었다. 그러나 내가 《색맹의 섬》에서 언급한 바와 같이, 이 세상에는 선천성완전색맹 환자도 있다.
♦♦ 다마지우의 능력을 평가하려면, 그가 1980년 《Neurology》에 발표한 "Central Achromatopsia: Behavioral, Anatomic, and Physiologic Aspects"를 참고하라. 제키가 서술한 베레이와 그 밖의 연구자들에 대한 역사는 1990년 《Brain》에 발표한 리뷰논문 "A Centry of Cerebral Achromatopsia"을 참고하라.

베레이의 발견 내용을 부인하고 묵살한 원인으로 작용했는데, 그 배경이 된 것은 시각의 균일성seamlessness이라는 사회적 통념이었던 것으로 보인다.

'인간의 시각세계는 물체의 색깔·채도·형태·운동이 완비된 데이터와 이미지로 구성된다'는 개념은 자연스럽고 직관적이며, 외견상 뉴턴의 광학과 로크의 감각론sensationalism에 의해 뒷받침되는 것으로 여겨졌다. 카메라 루시다camera lucida✦에 이어 사진술이 발명되어, 기계적인 시각모델의 전형적인 예를 보여주기도 했다. 뇌가 시각에 딴지를 걸 거라는 생각은 도저히 용납되지 않았다. 색깔은 총체적인 시각상visual image의 한 부분이며, 그것으로부터 분리될 수 없음이 명백해 보였다. 색지각color perception 하나만 별도로 상실되거나, 뇌 속에 색각중추가 존재한다는 아이디어는 자명한 난센스로 치부되었던 것이다. 그리하여 "베레이의 생각은 틀렸고, 그런 터무니없는 개념은 즉시 폐기되어야 한다"는 판결이 내려져, 완전색맹이라는 개념은 의학사에서 자취를 감췄다.

물론 베레이의 아이디어가 묵살된 데는 다른 요인들도 작용했다. 다마지우에 따르면, 1919년 고든 홈스Gordon Holmes가 200명의 병사들에게서 시각피질 손상을 발견했다고 보고하며, 그와 관련된 색각결핍 증상은 확인되지 않았다는 주석을 달았다고 한다. 당시 신경학계에서 엄청난 권위와 권력을 행사하던 홈스가 실증적 증거까지

✦ 특별한 프리즘과 거울 또는 현미경을 이용하여 물체의 상을 종이나 화판 위에 비춰주는 장치. (옮긴이)

들이대며 (30여 년 동안 꾸준히 영향력을 확대해왔던) '뇌 속에 색각중추가 존재한다'는 개념에 대해 적대감을 불러일으키자, 다른 신경학자들은 완전색맹 증상을 거들떠볼 엄두도 내지 못했다.

'지각은 전체적으로 균일한 것'이라는 개념이 마침내 뿌리째 흔들린 것은, 1950년대와 1960년대에 들어와 데이비드 허블David Hubel과 토르스텐 비셀Torsten Wiesel이 "시각피질에 세포와 세포군群들이 포진하고 있어서, 시야에 나타나는 수평, 수직, 모서리, 일직선 등에 특이적으로 민감하게 반응하는 특징 탐지기feature detector로 작용한다"는 사실을 밝히고 나서부터였다. 이를 계기로 하여 "시각은 여러 가지 요소로 구성되어 있다"라든지 "시각 표상은 광학 이미지나 사진과 달리 '주어지는 것'이 아니라, 상이한 과정들이 엄청나게 복잡하고 흥미롭게 연결되어 '구성되는 것'이다"라는 아이디어가 발달했다. 이제 지각은 복잡하게 모듈화되어 있으며, 무수한 요소들의 상호작용을 통해 성립되는 것으로 간주되었다. 그리고 지각의 통합과 연속화는 당연히 뇌의 몫이었다.

그리하여 1960년대에는 시각이 하나의 분석 과정임이 밝혀졌다. 이 과정은 뇌와 망막에 존재하는 수많은 시스템들의 상이한 감수성에 의존하며, 각각의 시스템들은 저마다 상이한 지각요소에 반응하는 것으로 판명되었다. 제키가 원숭이의 시각피질에서 파장과 색깔에 특이적으로 반응하는 세포를 발견한 것도, 따지고 보면 하위 시스템subsystem의 존재와 그들 간의 통합에 호의적인 학계의 분위기 덕분이었다. 또한 그는 베레이가 85년 전 색각중추를 예언했던 곳과 동일한 영역에서 파장과 색깔에 민감한 세포를 발견했다. 제키의 이러한 발견은 임상신경학자들을 거의 한 세기에 걸친 억압에서 해방시킨 것으로 보인다. 왜냐하면 제키의 보고서가 발표된 지 불과 몇 년 후 수십 건의 완전색맹 사례가 새로 기술되었고, 마침내 완전색맹이 어엿한 하나의 신경질환으로 인정받았기 때문이다.

개념적 편향성 때문에 묵살되고 의학사에서 자취를 감추는 등 흙길을 걷었던 완전색맹과 달리, 중추성 동작맹central motion blindness은 순탄한 꽃길을 걸었다. 동작맹은 완전색맹보다 훨씬 더 희귀한 질환으로, 1983년 요제프 칠과 동료에 의해 단 한 건이 기술되었을 뿐이다.♦ 칠이 발견한 환자의 눈에는 정지한 사람이나 승용차만 보였고, 피사체가 일단 움직이기 시작하면 의식에서 사라졌다가 다른 곳에 멈춰 있는 상태로 다시 나타났다. 제키에 의하면, 동작맹 사례는 격동의 역사를 겪은 완전색맹의 경우와 달리 신경학과 신경생물학계에서 군말 없이 즉시 인정받았다고 한다. 완전색맹과 동작맹의 역사가 극적인 차이를 보인 것은 지적 분위기의 심오한 변화 때문이다. 1970년대 초에는 원숭이의 선조전피질prestriate cortex에서 동작민감세포motion-sensitive cell의 전문 영역이 발견되었고, 그로부터 10년 내에 기능적 전문화functional specialization라는 개념이 완전히 받아들여졌다. 그리고 나니 세상이 칠의 발견을 거부할 개념적 이유는 더 이상 존재하지 않았다. 아니, 오히려 정반대였다. 칠의 발견은 기꺼이 받아들여졌고, 새로운 지적 분위기에 걸맞은 최고의 임상적 증거로 간주되었다.

♦ 칠이 소개한 동작맹 사례는 앞장 〈의식의 강〉에서 자세히 기술한 바 있다.

과학계에서는 예외적인 것에 주목하는 것, 즉 예외적인 것을 망각하거나 사소한 것으로 여긴 나머지 묵살하지 않는 것이 매우 중요하다. 우리는 볼프강 쾰러Wolfgang Köhler의 논문에서도 그런 구절을 찾아볼 수 있다. 그의 첫 논문은 〈남의 눈에 띄지 않은 감각과 판단의 오류에 관하여Über unbemerkte Empfindungen und Urteilstäuschungen〉로, 게슈탈트 심리학♦의 선구적 업적이 나오기 전인 1913년에 발표되었다. 그는 이 논문에서 과학, 특히 심리학에서 성급한 단순화와 체계화가 과학을 얼마나 경직화시키고 발달을 가로막을 수 있는지를 역설했다. 그는 이렇게 말했다. "모든 과학은 일종의 다락방을 갖고 있으며, '당장 쓸모없어 보이는 것'과 '별로 적당하지 않아 보이는 것'들을 거의 반사적으로 그 속으로 집어 던진다. 우리는 수많은 보물들을 사용해보지도 않고 끊임없이 다락방에 처넣어, 결국에는 과학의 발달을 가로막게 된다."♦♦

착시가 바로 그런 사례였다. 쾰러가 그 구절을 적고 있을 때, 착시는 사소한 문제로 간주되었다. 즉, 착시란 판단의 오류에 불과하므로, 마음과 뇌의 작용을 이해하는 데 부적절하다고 치부된 것이다. 그러나 쾰러는 곧 통념을 뒤집었다. 착시란 "지각이 감각 자극을 수동적으로 처리하는 게 아니라, 능동적으로 처리하여 커다란 형태

♦ 　전체로서의 형태, 모양이라는 의미를 지닌 독일어 게슈탈트gestalt를 사용해 전체는 부분의 합 이상이며 인간은 어떤 대상을 개별적 부분의 조합이 아닌 전체로 인식하는 존재라고 주장하는 심리학. (옮긴이)
♦♦ 　다윈도 부정적인 사례나 예외의 중요성을 강조하며 이렇게 말했다. "그런 것들을 보는 즉시 알아채는 것은 매우 중요하다. 왜냐하면, 그러지 않을 경우 잊힐 게 뻔하기 때문이다."

configuration, 즉 게슈탈트gestalt를 만든다"는 사실을 입증하는 명백한 증거였다. 게슈탈트는 전체적인 지각장perceptual field을 조직화하는 역할을 수행하며, 오늘날 뇌를 역동적이고 구성적인 것으로 이해하는 데 크게 기여했다. 그러나 쾰러가 게슈탈트에 대한 통찰력을 거저 얻은 것은 아니었다. 처음에는 이례적인 것, 즉 기존의 준거 틀에 모순되는 현상을 포착했고, 그다음 그 현상을 집요하게 파고들어 준거 틀을 계속 확장하다가 마침내 혁명을 일으켰다.

◆

내가 지금껏 소개한 사례들이 우리에게 주는 교훈은 뭘까? 많은 사람들은 '여건 미성숙'이라는 개념을 떠올리며, "허셜, 위어 미첼, 투렛, 베레이가 19세기에 관찰했던 현상들이 시대를 너무 앞서는 바람에 동시대의 개념에 통합될 수 없었다"고 생각할 것이다. 군터 스텐트Gunther Stent도 1972년 발표한 논문에서 시기가 무르익지 않았음을 지적하여 이렇게 말했다. "어떤 발견의 시사점이 간단한 논리적 추론을 통해 전통적 지식(일반적으로 인정된 지식)과 연결될 수 없다면, 그 발견은 시기상조라고 할 수 있다." 그러면서 스텐트는 두 가지 예를 들었다. 하나는 그레고어 멘델Gregor Mendel의 고전적 사례였고, 다른 하나는 그보다 덜 유명하지만 대단히 흥미로운 오즈월드 에이버리Oswald Avery의 사례였다. 멘델의 식물유전학 연구가 시대를 앞서갔다는 것은 너무나 유명한 이야기이고, 에이버리는 1944년 DNA를 발견했지만 아무도 거들떠보지 않았다. 왜냐하면 아무도 그

중요성을 평가할 수 없었기 때문이다.◆

　만약 스텐트가 분자생물학자가 아니라 유전학자였다면, 유전학의 선구자인 바버라 매클린톡Barbara McClintock의 스토리를 떠올렸을 것이다. 매클린톡은 1940년대에 소위 점핑유전자jumping gene(유전체 내에서 이리저리 위치를 옮기는 유전자)라는 이론을 수립했지만, 동시대인들이 거의 알아듣지 못했다. 그로부터 30년 후 생물학계의 분위기가 그런 개념에 호의를 보이게 되었을 때, 매클린톡의 통찰력은 그제서야 유전학에 근본적으로 기여한 것으로 인정받았다.

　만약 스텐트가 지질학자였다면, 또 한 건의 유명한(또는 악명 높은) 여건 미성숙 사례를 제시했을 것이다. 그것은 알프레드 베게너Alfred Wegener가 1915년 제안했던 대륙이동설로, 오랫동안 망각되고 조롱받다가 40년 후 판구조론plate tectonics theory이 등장하면서 재발견되었다.

　만약 스텐트가 수학자였다면, 아르키메데스Archimedes가 뉴턴이나 라이프니츠보다 2,000년이나 앞서서 미적분을 발명했다는, 놀라운 여건 미성숙 사례까지 들먹였을 것이다.

　그리고 스텐트가 천문학자였다면, 천문학사에서 가장 중대한 사례—망각되었을 뿐만 아니라 퇴보한 사례를 언급했을 것이다. 기

◆　스텐트가 쓴 〈과학발견에 있어서 시기상조와 독특성〉이라는 논문은 1972년 12월《사이언티픽 아메리칸Scientific American》에 실렸다. 내가 두 달 후 옥스퍼드로 W. H. 오든 W. H. Auden을 방문했을 때, 그는 스텐트의 논문에 완전히 흥분하고 있었다. 그래서 우리는 그 논문에 대해 많은 이야기를 나눴다. 오든은 스텐트에게 대답하는 방식으로 긴 논문을 썼는데, 그 내용은 예술과 과학의 지성사를 비교분석한 것으로 1973년 3월《사이언티픽 아메리칸》에 실렸다.

원전 3세기에 아리스타르코스Aristarchos는 태양을 중심으로 하는 태양계 그림(지동설)을 확립했는데, 그리스인들은 그것을 잘 이해하고 받아들였다(나아가, 그것은 아르키메데스, 히파르코스Hipparchos, 에라토스테네스Eratosthenes에 의해 더욱 자세히 기술되었다). 그러나 5세기 후 프톨레마이오스Ptolemaeos가 이를 뒤집고, 바빌로니아의 것만큼 복잡한 천동설을 제시했다. 나중에 코페르니쿠스Copernicus가 지동설을 다시 확립할 때까지, 프톨레마이오스의 암흑기는 무려 1,400년 동안이나 지속되었다.

모든 과학 분야에서 놀랍도록 흔히 발견되는 암점의 원인은 여건 미성숙뿐만이 아니며, 지식 상실, (한때 뚜렷이 확립된 듯 보였던) 통찰력 망각, 때로는 통찰력이 부족한 설명으로의 퇴행도 단단히 한몫을 한다. 그렇다면 하나의 새로운 관찰이나 아이디어를 받아들이고 토론하고 기억하게 하는 심적 요인은 뭘까? 그와 반대로, 중요하고 가치 있는 게 분명한 관찰이나 아이디어임에도 불구하고, 받아들이거나 토론하거나 기억하지 못하게 하는 심적 요인은 뭘까?

프로이트는 저항감을 강조함으로써 이 질문에 대한 답변을 갈음했다. "새로운 아이디어는 매우 위협적이거나 혐오스러워서, 사람들의 마음속 깊이 접근하는 것이 거부된다." 프로이트의 말은 분명 사실이지만, 아쉽게도 모든 문제들을 정신역학psychodynamics과 동기부여의 문제로 축소했다. 그러나 정신과학에서조차 프로이트의 설명은 불충분했다.

우리가 새로운 아이디어를 받아들이려면, 뭔가를 순간적으로 파악하거나 알아듣는 것만으로는 불충분하며, 우리의 마음이 그것을 수용하여 간직할 수 있어야 한다. 그러기 위해서는 먼저, 우리 자신으로 하여금 새로운 아이디어에 맞닥뜨리도록 허용해야 한다. 즉, 우리는 (새로운 아이디어와 잠재적 관련성이 있는) 정신공간과 범주를 만든 다음, 새로운 아이디어들을 완전하고 안정적인 의식 속에 집어넣어야 한다. 그런 다음 그것들에 개념적 형태를 부여하고 마음속에 보유해야 한다. 설사 그것이 자신의 기존 개념, 신념, 범주와 상충되더라도 말이다. 이러한 수용accommodation과 심적 공간 확보 과정은 '하나의 아이디어나 발견이 민심을 장악하여 결실을 맺을 것인가' 아니면 '흐릿해지고 잊혀 결실을 맺지 못하고 사라져갈 것인가'를 결정하게 된다.

◆

새로운 아이디어나 발견이 시기상조인 경우, 당대에 아무런 관련성이나 맥락을 찾을 수 없어 이해받지 못하거나 무시되기 십상이다. 그러나 그것이 (필요하지만 때로는 잔인한) 과학의 경기장에서 열정적이고, 심지어 맹렬한 경연으로 비화되는 경우도 있다. 과학과 의학의 역사를 돌이켜보면 지적 경쟁intellectual competition이 벌어진 사례가 수두룩한데, 이러한 경쟁은 과학자들로 하여금 이례적인 현상이나 뿌리 깊은 이데올로기와 맞닥뜨리게 한다.◆ 이것은 깨끗한 과학clean science으로서, 동료들 간의 우호적인 경쟁을 통해 과학에 대한 이해를 증진할 수 있다. 그러나 더러운 과학dirty science도 있는데, 이 경우에는 악의적인 경쟁심과 파괴적인 라이벌 의식이 범람한다.

과도한 경쟁과 비뚤어진 라이벌 의식이 과학의 발달을 가로막을 수 있지만, 기본적인 인식론적 오해와 분열이 종종 과학의 발목을 잡는 경우도 있다. 에드워드 O. 윌슨Edward O. Wilson은 자서전《자연주의자Naturalist》에, "제임스 왓슨은 내가 젊었을 때 쓴 곤충학 및 분류학 저술을 우표 수집쯤으로 여겼다"고 썼다. 1960년대의 분자생물학자들 사이에서 그런 안하무인 격 태도는 거의 보편적이었다 (이와 마찬가지로, 그 당시에는 생태학도 진정한 과학의 지위를 인정받지 못하고 '물렁물렁한 분자생물학'쯤으로 치부되었다. 그런 마음가짐은 그즈음 겨우 변화의 조짐을 보이기 시작하고 있었다).

다윈은 "활동적인 이본가만이 훌륭한 관찰자가 될 수 있다"고 입버릇처럼 말했으며, 그의 아들 프랜시스는 아버지를 일컬어 "이론화 능력으로 단단히 무장하고, 가장 사소한 문제점을 비집고 들어가려고 별렀던 인물"이라고 했다. 나름 주관이 있는 프랜시스의 눈에는 이론을 지나치리만큼 중시하는 다윈의 행동이 '대포로 파리 잡는

◆ 다윈은 "나는 지금껏 선각자를 만나지 못했으며, 진화에 대해 들어본 적도 없었다"고 애써 말하곤 했다. 뉴턴은 "거인의 어깨 위에 올라서 있었다"고 말한 걸로 유명함에도 불구하고, 모든 선각자들을 대놓고 부정했다. 이러한 태도를 영향의 불안anxiety of influence이라고 한다. 영향의 불안이란 미국의 문학비평가 해럴드 블룸Harold Bloom이 만들어낸 용어로, "후배 시인이 위대한 선배 시인(문학적 아버지)을 존경하면서도, 절대적으로 독창적인 시인이 되고 싶은 욕망에서 선배 시인이 선취한 업적을 의도적으로 왜곡하고 방어적으로 읽음으로써 자신의 창조성을 부각하는 것"을 말한다. 영향의 불안은 과학사에서도 강력한 힘을 발휘했다. 성공한 과학자로 우뚝 서서 자신만의 독창적 아이디어를 펼치기 위해, 과학자들은 "다른 과학자들은 틀렸다"고 믿어야만 했다. 그리고 블룸이 주장했던 것처럼, 다른 과학자들을 일부러 오해하고 (아마도 무의식적으로) 반발해야만 했다. 이와 관련하여, 니체는 이렇게 말한 적이 있다. "모든 재주꾼들은 싸움을 통해 자신의 뜻을 펼쳐야 한다."

격'으로 보였던 모양이다. 아버지에 대한 그의 날카로운 지적은 다음과 같이 이어졌다. "아무리 사소한 팩트라도 이론의 흐름에 끼워 넣으려다 보니, 중요성이 부풀려지기 일쑤였다." 프랜시스의 말에도 일리는 있다. 지나친 이론은 정직한 관찰과 사고의 커다란 적敵이 될 수 있으며, 특히 이론이 (아마도 무의식적으로) 무언의 도그마나 가정으로 굳어질 경우에는 더욱 그러하다.

자신이 갖고 있는 기존의 신념과 이론이 약화된다는 것은 매우 고통스럽고 심지어 끔직한 과정이다. 왜냐하면 우리의 정신생활은 알게 모르게 이론에 의해 지지되며, 때로는 그 이론이 이데올로기나 망상과 같은 힘을 발휘하기 때문이다.

극단적인 경우, 치열한 과학 논쟁은 당사자들에게 자신의 신념체계와 문화 전반에 대한 신념을 파괴하려는 위협으로 간주될 수 있다. 예컨대, 1859년 다윈의 《종의 기원》이 발간되었을 때 과학과 종교 간에 격론이 벌어졌고, 이는 토머스 헉슬리와 윌버포스Wilberforce 주교 간의 갈등, 그리고 맹렬하지만 애처로운 아가시Agassiz의 후위공격으로 구체화되었다. 걸출한 생물학자이자 자연사학자였던 아가시는 자신의 필생 사업과 창조자에 대한 신념이 다윈의 이론 때문에 완전히 망했다고 느꼈다. 그로 인한 상심이 얼마나 컸던지, 아가시는 갈라파고스로 직접 달려가 다윈의 경험과 발견을 직접 확인으로써 진화론을 공식적으로 부인하려고 애썼다.✦

역시 독실한 신자였던 위대한 박물학자 필립 헨리 고스Philip Henry Gosse는 '자연선택에 의한 진화'를 둘러싼 논쟁에서 큰 상처를 받아, 《옴팔로스Omphalos》라는 보기 드문 책을 출판하기에 이르렀다.

그는 이 책에서 "화석은 지금껏 살았던 어떤 피조물과도 일치하지 않으며, 단지 창조자가 우리의 호기심을 꾸짖기 위해 암석에 새겨 넣었을 뿐"이라고 주장했다. 이 주장은 드물게 동물학자와 신학자들 모두를 극도로 화나게 만들었다는 특징을 갖고 있다.

나는 카오스이론이 뉴턴이나 갈릴레오에 의해 발견되거나 발명되지 않았다는 사실에 가끔 놀라곤 한다. 일상생활에서 지속적으로 나타나며 레오나르도 다빈치에 의해 완벽하게 묘사된 난기류와 소용돌이에 꽤나 익숙했을 텐데 말이다. 어쩌면 그들은 난기류와 소용돌이의 의미를 생각하는 것을 꺼리며, 그것이 자연의 합리성·합법성·질서를 잠재적으로 위반할 거라고 예상했는지도 모른다.

그로부터 2세기 후, 카오스의 수학적 결과를 최초로 연구한 앙리 푸앵카레의 느낌도 비슷했다. 그는 이렇게 말했다. "이러한 현상들이 너무나 엽기적이므로, 나는 그것들에 대해 심사숙고하지 않을 수 없다." 오늘날 우리는 카오스의 패턴을 아름답게 느끼며 자연미의 새로운 차원으로 간주하고 있지만, 카오스가 원래부터 푸앵카레의 눈에 아름답게 보인 게 아니었음은 분명하다.

물론 20세기의 인물 중에서 그런 거부감이 유독 강했던 것으로 유명한 인물은 아인슈타인Einstein이다. 그는 양자역학의 외견상 비

◆　《종의 기원》의 저자인 다윈조차도 자신이 두 눈으로 똑똑히 목격한 자연의 메커니즘을 생각하며, 그 살벌함에 종종 질겁하곤 했다. 그는 1856년 친구 조지프 후커에게 보낸 편지에서, 그런 감정을 이렇게 표현했다. "이처럼 어설프고 소모적이고 실수투성이에 저속하고 끔찍하리만큼 잔인한 자연의 작품에 대해, 만약 악마의 사도Devil's Chaplain가 책을 쓴다면 무슨 책을 쓸 텐가!"

합리성을 극도로 혐오했다. 그는 양자과정quantum processes을 최초로 증명한 사람 중 한 명이었지만, 양자역학을 자연과정의 피상적 표현 이상으로 간주하기를 거부했다. 좀 더 깊이 통찰해보면, 양자역학이 좀 더 조화롭고 질서정연한 이론으로 대체될 거라고 생각했던 것이다.

◆

위대한 과학적 진보의 배경에는 종종 우연과 불가피성이 공존한다. 만약 왓슨과 크릭이 1953년에 DNA 이중나선구조를 발견하지 않았다면, 가능성이 가장 높은 사람은 라이너스 폴링이었을 것이다. 혹자는 DNA 구조의 발견이 이미 예정되어 있었다고 말할지도 모른다. '누가', '어떻게', '정확히 언제'만 공란으로 남아 있었을 뿐.

'시대가 영웅을 낳지, 영웅이 시대를 만들지는 않는다'는 말이 있다. 가장 위대한 창조적 성과가 가능했던 것은 비범하고 재능 있는 사람들이 있었기 때문이기도 하지만, 그들이 광범위하고 엄청난 양의 문제들에 둘러싸여 있었기 때문이기도 하다. 16세기가 천재의 세기였던 것은 천재들이 활발히 활동했기 때문만은 아니었다. 아리스토텔레스 시대 이후 다소 위축된 물질계physical world의 법칙에 대한 이해가 갈릴레오를 비롯한 몇 사람의 통찰력에 의해 확장되기 시작했고, 그들은 하나같이 "자연의 언어는 수학이다"라는 신념을 갖고 있었다. 그와 마찬가지로, 17세기에는 미적분 발명의 분위기가 무르익어 있었고, 때마침 뉴턴과 라이프니츠가 거의 동시에 완전히 다른 방법으로 미적분 방법을 고안했다.

아인슈타인의 시대에는 낡고 기계적인 뉴턴적 세계관이 다양한 현상들(광전자효과, 브라운운동, 광속 근처에서 역학의 변화)을 설명하는 데 불충분하다는 점이 점점 더 분명해졌다. 따라서 근본적으로 새로운 개념이 탄생하려면, 먼저 뉴턴적 세계관이 붕괴하여 끔직한 지적 진공상태가 초래될 수밖에 없는 것 같았다.

그러나 아인슈타인은 "새로운 이론이 낡은 이론을 무효화하거나 대체하는 게 아니라, 낡은 개념들을 좀 더 높은 수준에서 재발견할 수 있게 해준다"고 역설했다. 그는 유명한 직유법으로 이 개념을 확장했다.

비유법을 사용하여 설명해보겠다. 새로운 이론을 만든다는 것은 낡은 헛간을 부수고 그 자리에 마천루를 세우는 것과 다르며, 그보다는 산을 오르는 것과 비슷하다. 당신은 위로 올라감에 따라 시야가 새롭고 넓어지며, 출발점과 다채로운 환경 사이에서 예기치 않았던 관련성을 발견하게 된다. 당신은 변화무쌍한 산행길에서 장애물을 통과하여 마침내 널따란 시야를 확보한다. 그러나 출발점은 아직 존재하며, 크기가 아무리 작아 보이고 시야에서 차지하는 비중이 작더라도 여전히 시야에 들어온다.

헬름홀츠 역시 《의학에서의 사고에 관하여On Thought in Medicine》라는 비망록에서 등산이라는 이미지를 이용하며(그는 열성적인 등반가였다), 등산은 결코 선형線形이 아님을 강조했다. 그는 이렇게 썼다. "우리는 올라가는 경로를 미리 알 수가 없으며, 오직 시행착오를 겪으며 올라갈 뿐이다. 지적 등반가intellectual mountaineer는 출발을 잘못하여 막다른 길이나 불안정한 장소에 들어가, 때로는 뒷걸음질을 치거나 내려가거나 다시 출발해야 할 수도 있다. 그는 서서히 고통스럽게, 무수한 오류와 교정을 거치며 지그재그로 산을 오른다. 마침내 정상에 올랐을 때, 그제서야 정상에 오르는 직선코스, 즉 왕도가 있었음을 알게 될 것이다." 헬름홀츠의 말은 다음과 같이 계속되었다. "나는 이 책에서 독자들을 왕도로 인도할 것이다. 그 길은 내가 스스로 걸었던 구절양장의 길고 복잡한 길과 전혀 다를 것이다."

우리는 과학사에서 '무엇을 해야 할 것인가'에 대한 직관적이고 참신한 비전이 떠올라, 지적 진보에 발동이 걸리는 경우를 종종 본다. 아인슈타인은 열다섯 살에 광선 빔에 올라타는 상상을 했고, 그로부터 10년 후에는 특수상대성이론을 개발함으로써 소년의 꿈에서 웅장한 이론으로 도약했다. 특수상대성이론과 일반상대성이론이라는 업적이 '계속 진행되는 필연적인 역사'의 일부였을까, 아니면 특이점singularity, 즉 한 명의 독특한 천재의 등장 때문이었을까? 만약 아인슈타인이 없었다면 누군가 다른 사람이 상대성이론을 상상할 수 있었을까? 1919년에 개기일식이 일어나 태양의 중력이 빛에 미치는 영향을 정확히 관찰할 수 있는 드문 기회가 없었다면, 상대성이론은 얼마나 빨리 받아들여졌을까? 혹자는 이 부분에서 상당한 수준의 기술이 요구된다고 생각할 것이다. 그것은 수성의 궤도를 정확히 측정할 수 있는 기술로, 결코 가벼이 볼 수 없는 요인이었다. 그러나 역사적 과정이 됐든 특출한 천재가 됐든, 과학의 발전을 한 가지 요인만으로 충분히 설명할 수는 없다. 그 어느 쪽도 현실의 복잡성과 불확실성을 독자적으로 설명할 수는 없기 때문이다.

클로드 베르나르는 이렇게 말한 것으로 유명하다. "행운은 준비된 사람을 선호한다." 물론 아인슈타인은 늘 정신을 바짝 차렸으며, 사용할 수 있는 거라면 뭐든 인식하고 움켜잡을 준비가 되어 있었다. 그러나 리만Riemann 등의 수학자들이 비유클리드 기하학을 개발하지 않았다면(그들은 순수하게 추상적인 구조를 만들었으며, 그게 세상을 이해하기 위한 물리학적 모델에 적절할 거라는 생각은 추호도 없었다), 아인슈타인은 어렴풋한 비전에서 완전한 이론으로 도약할 지적 기법을 보유할 수 없었을 것이다.

마술 같은 창조적 진보가 일어나려면 사전에 수많은 자율적·개별적 요인들이 어우러져야 하며, 그중 어느 하나만 존재하지 않아도(또는 불충분하게 발달해도) 마술은 일어나지 않는다. 어떤 요인은 세속적인 것으로서 자금과 기회, 건강, 사회적 지원, 태어난 시기 등을 충분히 갖추어야 하고, 어떤 요인은 성격이나 지적인 장단점과 관련이 있다.

그런 면에서 성패가 엇갈린 인물로 루이 아가시가 있다. '자연에 대한 기술naturalistic description'과 '디테일에 대한 현상학적 관심'이 지배했던 19세기의 경우, '구체적인 사고 습관'이 매우 적절해 보인 반면 '추상적이거나 추리적인 사고 습관'은 왠지 미덥지 않아 보였다. 윌리엄 제임스가 쓴 〈루이 아가시에 대한 소론〉을 보면 이러한 태도가 잘 드러나 있다.

그가 진정으로 사랑하고 필요로 했던 인물은 그에게 팩트를 제시할 수 있는 사람뿐이었다. 그에게 의미 있는 삶이란 논쟁이나 추론을 하는 대신 팩트를 확인하는 것이었다. 장담컨대, 그는 추상적인 사고를 혐오했을 것이다. 그가 이 같은 구체적인 학습 방법에 극단적으로 몰두한 것은 그의 특이한 지적 유형type of intellect의 자연스러운 결과였다. 그는 추상화, 인과적 추론, 연역 능력이 덜 발달한 반면, '방대한 양의 디테일 꿰기'와 '좀 더 직접적이고 구체적인 관계와 유사성 찾아내기'에 재능이 있었다.

1840년대 중반 젊은 나이에 하버드에 입성한 아가시에 대해, 제임스는 이렇게 기술했다. "그는 한 대륙의 지질학과 동물상fauna을 연구하고, 한 세대의 동물학자들을 양성하고, 세계 최고의 박물관 중 하나를 설립하고, 미국의 과학 교육에 신선한 자극을 줬다." 이 모든 것은 현상과 팩트, 화석과 생물에 대한 열정적 사랑, 구체적인 사고, 신성한 시스템divine system과 전체whole에 대한 과학적이고 종교적인 감각이 있었기에 가능했다.

그러나 그 후 동물학에 큰 변화가 일어났다. 종전의 동물학이 '전체(종種과 형태와 그들 간의 분류학적 관계)에 주안점을 둔 자연사'에 치중했던 데 반해, 새로운 동물학은 생리학, 조직학, 화학, 약학 등의 방향으로 다양하게 전개되었다. 종전의 동물학이 거시적 과학이라면 새로운 동물학은 미시적 과학으로, 생물이라는 개념과 생물 그룹 전체에서 도출된 부분과 메커니즘에 대한 과학이었다. 이 새로운 과학만큼 흥미롭고 강력한 것은 아무것도 없었지만, 뭔가가 상실되고 있는 것도 분명했다. 성격과 지적 성향으로 볼 때 아가시가 그러한 지적 변화에 제대로 적응하지 못한 것은 당연했다. 그는 만년에 과학적 사고의 중심에서 밀려나 괴팍하고 비극적인 인물로 추락했다.♦

♦

과학에서는 우연성contingency, 즉 (행운이 됐든 악운이 됐든) 순전한 운이 엄청난 역할을 수행하지만, 내가 보기에 의학에서는 훨씬 더 그렇다. 의학에서는 적당한 사람을 적당한 장소에서 만나 희귀하고 이례적이고 독특한 사례를 접함으로써, 의학 발달에 기여하는 경우가 의외로 많기 때문이다.

경탄을 자아낼 정도의 가공할 기억력에 대한 사례는 아주 드물지만, 러시아의 셰레셰프스키Shereshevsky는 그중에서도 가장 괄목할

♦ 험프리 데이비도 아가시와 마찬가지로 구체적이고 비유적인 사고의 천재였다. 그러다 보니 동시대인인 존 돌턴John Dalton의 주특기였던 추상적인 일반화 능력과(우리는 돌턴에게 원자론의 기초를 빚지고 있다), 역시 동시대인인 베르셀리우스Berzelius의 주특기였던 엄청난 체계화 능력이 부족했다. 그리하여 데이비는 1810년 "화학의 뉴턴"이라는 우상적 지위에서 물러나, 향후 15년 동안 거의 주변인으로 지내다 생을 마감했다. 1828년 뵐러Wöhler가 요소를 합성하며 유기화학이 등장했는데, 이는 데이비가 전혀 관심도 없고 이해할 수도 없는 새로운 영역이었다. 유기화학은 즉시 낡은 무기화학을 내쫓고, 만년의 데이비에게 '나는 낡아빠졌다'라는 자괴감을 덧씌웠다.
장 아메리Jean Améry는 영향력 있는 저서 《나이듦에 대하여On Aging》에서, 부적합성이나 낙후성과 관련된 자괴감이 얼마나 고통스러운지를 잘 설명해준다. 특히 새로운 방법, 이론이나 시스템 등이 등장함에 따라 '나는 지적 퇴물이 되었구나'라는 느낌이 드는 것은 견디기 어렵다. 과학계에서는 패러다임의 변화가 있을 때 그런 진부화 현상이 곧바로 나타난다.

만한 인물 중 하나다. 그러나 A. R. 루리아를 만나지 않았다면 셰레
셰프스키는 오늘날 인구에 회자되지도 않을 것이며, 요행히 기억되
더라도 '굉장한 기억력의 소유자들' 중 하나로만 남을 것이다. 루리아
역시 임상적 관찰과 통찰력의 대가로서 둘째가라면 서러워할 인물이
었다. 루리아의 위대한 책《기억술사의 마음The Mind of Mnemonist》이 탄
생하는 데 독특한 통찰력을 제공한 요인은 두 가지라고 봐야 한다.
하나는 루리아의 천재성이고, 다른 하나는 30년간에 걸쳐 탐구된 셰
레셰프스키의 정신과정이었다.

기억력과 대조적으로 히스테리는 드물지 않은 편이며, 18세기
이후 잘 기술되어왔다. 그러나 한 총명하고 의사표현이 분명한 히스
테리 환자가 젊은 프로이트와 친구 브로이어Breuer라는 독창적 천재
들을 만나지 않았다면, 히스테리는 정신역동학적으로 파헤쳐지지
않았을 것이다. 정신분석학도 예외는 아니어서, 혹자는 이렇게 말할
것이다. "만약 O. 안나가 프로이트와 브로이어라는 '특별한 감수성
을 지닌 준비된 사람들'을 만나지 않았다면, 정신분석학은 시작되
지도 않았을 것이다." (그러나 나는 이 의견에 반대한다. 안나가 없었더라
도 정신분석학은 시작될 수 있었을 것이다. 시간이 좀 늦고 방향이 좀 달랐을
지언정.)

생명의 진화사와 마찬가지로, 테이프를 되감아 처음부터 다시
돌리면 과학의 역사도 완전히 다르게 전개될까? 과학적 아이디어의
진화는 생명의 진화와 똑같을까? 우리는 매우 짧은 기간 동안에 굉
장한 발전이 이루어지는, '갑작스런 행동 폭발'의 사례를 분명히 기
억한다. 마치 캄브리아기 폭발처럼 말이다. 1950년대와 1960년대의

분자생물학이 그랬고, 1920년대의 양자물리학이 그랬으며, 지난 수십 년 동안 신경과학에서 폭발적으로 수행된 근본적인 연구들이 그랬다. 나는 닐스 엘드리지Niles Eldredge와 스티븐 제이 굴드가 주장한 단속평형설punctuated equilibrium♦의 그림을 떠올리며, 과학에도 자연의 진화과정과 유사한 것이 한 가지 이상은 있을 거라고 생각한다. 갑자기 폭발한 발견이 과학의 모습을 바꾸고, 뒤이어 종종 장기간에 걸친 공고화기period of consolidation와 상대적 정체기가 찾아오기도 하니 말이다.

아이디어도 생명과 마찬가지로 태어나서 번성하다가, 모든 방향으로 진출하거나 아니면 중도 하차하여 멸종하는 등 완전히 예측 불가능한 상황이 전개된다. 굴드는 이렇게 말하기를 좋아했다. "만약 지구상에서 생명의 진화사를 재방송한다면, 본방송과 완전히 다를 것이다." 존 메이요가 1670년대에 산소를 정말로 발견했다거나, 배비지Babbage가 이론적 차분기관difference engine(컴퓨터)을 제안한 1822년에 차분기관이 실제로 만들어졌다고 치자. 그러면 과학의 흐름이 확 달라졌을까? 물론 이건 공상물 수준의 이야기지만, 만약 그런 상상을 해본다면 과학은 필연적 과정이 아니라 극단적인 우연의 연속임을 느끼게 될 것이다.

♦   유성 생식을 하는 생물 종의 진화 양상은 대부분의 기간 동안은 큰 변화 없는 안정기와 비교적 짧은 시간에 급속한 종 분화가 이루어지는 분화기로 나뉜다는 진화 이론이다. (옮긴이)

참고문헌

Améry, Jean. 1994. *On Aging*. Bloomington: Indiana University Press.

Arent, Hannah. 1971. *The Life of the Mind*. New York: Harcourt.

Armitage, F. P. 1906. *A history of Chemistry*. London: Longmans Green.

Bartlett, Frederic C. 1932. *Remembering: A Study in Experimental and Social Psychology*. Cambridge, U.K.: Cambridge University Press.

Bergson, Henri. 1911. *Creative Evolution*. New York: Henry Holt.

Bernard, Claude. 1985. *An Introduction to the Study of Experimental Medicine*. London: Macmillan.

Bleuler, Eugen. 1911/1950. *Dementia Praecox; or, The Group of Schizophrenias*. Oxford: International Universities Press.

Bloom, Harold. 1973. *The Anxiety of Influence*. Oxford: Oxford University Press.

Braun, Marta. 1992. *Picturing Time: The Work of Etienne-Jules Marey (1830-1904)*. Chicago: University of Chicago Press.

Brock, William H. 1993. *The Norton History of Chemistry*. New York: W. W. Norton.

Browne, Janet. 2002. *Charles Darwin: The Power of Place*. New York: Alfred A. Knopf.

Chamovitz, Daniel. 2012. *What a Plant Knows: A Field Guide to the Senses*.

New York: Scientific American/Farrar, Straus and Giroux.

Changeux, Jean-Pierre. 2004. *The physiology of Truth: Neuroscience and Human Knowledge.* Cambridge, Mass.: Harvard University Press.

Coleridge, Samuel Taylor. 1817. *Biographia Literaria.* London: Rest Fenner.

Crick, Francis. 1994. *The Astonishing Hypothesis: The Scientific Search for the Soul.* New York: Charles Scribner.

Damasio, Antonio. 1999. *The Feeling of What Happens: Body and Emotion in the Making of Consciousness.* New York: Harcourt Brace.

Damasio, A., T. Yamada, H. Damasio, J. Corbett, and J. McKee. 1980. "Central Achromatopsia: Behavioral, Anatomic, and Physiologic Aspects." *Neurology* 30 (10): 1064-71.

Damasio, Antonio, and Gil B. Carvalho. 2013. "The Nature of Feelings: Evolutionary and Neurobiological Origins." *Nature Reviews Neuroscience* 14, February.

Darwin, Charles. 1859. *On the Origin of Species by Means of Natural Selection; or, The preservation of Favoured Races in the Struggle for Life.* London: John Murray.

Darwin, Charles. 1862. *On the Various Contrivances by Which British and Foreign Orchids Are Fertilised by Insects.* London: John Murray.

Darwin, Charles. 1871. *The Descent of Man, and Selection in Relation to Sex.* London: John Murray.

Darwin, Charles. 1875. *On the Movements and Habits of Climbing Plants.* London: John Murray. Linnaean Society paper, originally published in 1865.

Darwin, Charles. 1875. *Insectivorous Plants.* London: John Murray.

Darwin, Charles. 1876. *The Effects of Cross and Self Fertilisation in the Vegetable Kingdom.* London: John Murray.

Darwin, Charles. 1877. *The Different Forms of Flowers on Plants of the Same Species.* London: John Murray.

Darwin, Charles. 1880. *The Power of Movements in Plants.* London: John Murray.

Darwin, Charles. 1881. *The Formation of Vegetable Mould, Through the Action of Worms, with Observations on Their Habits.* London: John Murray.

Darwin, Erasmus. 1791. *The Botanic Garden: The Loves of the Plants.* London: J. Johnson.

Darwin, Francis, ed. 1887. *The Autobiography of Charles Darwin.* London: John Murray.

Dobzhansky, Theodosius. 1973. "Nothing in Biology Makes Sense Except in the Light of Evolution." *American Biology Teacher* 35 (3): 125-29.

Donald, Merlin. 1993. *Origins of the Modern Mind.* Cambridge, Mass.: Harvard University Press.

Doyle, Arthur Conan. 1887. *A Study in Scarlet.* London: Ward, Lock.

Doyle, Arthur Conan. 1892. *The Adventures of Sherlock Holmes.* London: George Newnes.

Doyle, Arthur Conan. 1893. "The Adventure of the Final Problem." In *The Memoirs of Sherlock Holmes.* London: George Newnes.

Doyle, Arthur Conan. 1905. *The Return of Sherlock Holmes.* London: George Newnes.

Edelman, Gerald M. 1987. *Neural Darwinism: The Theory of Neuronal Group Selection.* New York: Basic Books.

Edelman, Gerald M. 1989. *The Remembered Present: A Biological Theory of Consciousness.* New York: Basic Books.

Edelman, Gerald M. 2004. *Wider Than the Sky: The Phenomenal Gift of Consciousness.* New York: Basic Books.

Efron, Daniel H., ed. 1970. *Psychotomimetic Drugs: Proceedings of a Workshop ··· Held at the University of California, Irvine, on January 25-26, 1969.* New York: Raven Press.

Einstein, Albert, and Leopold Infeld. 1938. *The Evolution of Physics.* Cambridge, U.K.: Cambridge University Press.

Flannery, Tim. 2013. "They're Taking Over!" *New York Review of Books,* Sept. 26.

참고문헌

Freud, Sigmund. 1891/1953. *On Aphasia: A Critical Study.* Oxford: International Universities Press.

Freud, Sigmund. 1901/1990. *The Psychopathology of Everyday Life.* New York: W. W. Norton.

Freud, Sigmund, and Josef Breuer. 1895/1991. *Studies on Hysteria.* New York: Penguin.

Friel, Brian. 1994. *Molly Sweeney.* New York: Plume.

Gooddy, William. 1988. *Time and the Nervous System.* New York: Praeger.

Gosse, Philips Henry. 1857. *Omphalos: An Attempt to Unite the Geological Knot.* London: John van Voorst.

Gould, Stephen Jay. 1990. *Wonderful Life.* New York: W. W. Norton.

Greenspan, Ralph J. 2007. *An Introduction to Nervous Systems.* Cold Spring Harbor, N.Y.: Cold Spring Harbor Laboratory Press.

Hadamard, Jacques. 1945. *The Psychology of Invention in the Mathematical Field.* Princeton, N.J.: Princeton University Press.

Hales, Stephen. 1727. *Vegetable Staticks.* London: W. and J. Innys.

Hanlon, Roger T., and John B. Messenger. 1998. *Cephalopod Behaviour.* Cambridge, U.K.: Cambridge University Press.

Hebb, Donald. 1949. *The Organization of Behavior: A Neuropsychological Theory.* New York: Wiley.

Helmholtz, Hermann von. 1860/1962. *Treatise on Physiological Optics.* New York: Dover.

Helmholtz, Hermann von. 1877/1938. *On Thought in Medicine.* Baltimore: Johns Hopkins Press.

Herrmann, Dorothy. 1998. *Helen Keller: A Life.* Chicago: University of Chicago Press.

Herschel, J. F. W. 1858/1866. "On Sensorial Vision." In *Familiar Lectures on Scientific Subjects.* London: Alexander Strahan.

Holmes, Richard. 1989. *Coleridge: Early Visions, 1772-1804.* New York: Pantheon.

Holmes, Richard. 2000. *Coleridge: Darker Reflections, 1804-1834.* New

York: Pantheon.

Jackson, John Hughlings. 1932. *Selected Writings* Vol. 2. Edited by James Taylor, Gordon Holmes, and F. M. R. Walshe. London: Hodder and Stoughton.

James, William. 1890. *The Principles of Psychology.* London: Macmillan.

James, William. 1896/1984. *William James on Exceptional Mental States: The 1896 Lowell Lectures.* Edited by Eugene Taylor. Amherst: University of Massachusetts Press.

James, William. 1897. *Louis Agassiz: Words Spoken by Professor William James at the Reception of the American Society of Naturalists by the President and Fellows of Harvard College, at Cambridge, on December 30, 1896.* Cambridge, Mass.: printed for the university.

Jennings, Herbert Spencer. 1906. *Behavior of the Lower Organisms.* New York: Columbia University Press.

Kandel, Eric R. 2007. *In Search of Memory: The Emergence of a New Science of Mind.* New York: W. W. Norton.

Keynes, John Maynard. 1946. "Newton, the Man." *http://www-history.mcs.st-and.ac.uk/Extras/Keynes_Newton.html.*

Knight, David. 1992. *Humphry Davy: Science an Power.* Cambridge, U.K.: Cambridge University Press.

Koch, Christof. 2004. *The Quest for Consciousness: A Neurobiological Approach.* Englewood, Colo.: Roberts.

Köhler, Wolfgang. 1913/1971. "On Unnoticed Sensations and Errors of Judgment." In *The Selected Papers of Wolfgang Köhler,* edited by Mary Henle. New York: Liveright.

Kohn, David. 2008. *Darwin's Garden: An Evolutionary Adventure.* New York: New York Botanical Garden.

Kraepelin, Emil. 1904. *Lectures on Clinical Psychiatry.* New York: William Wood.

Lappin Elena. 1999. "The Man with Two Heads." *Granta* 66:7–65.

Leont'ev, A. N., and A. V. Zaporozhets. 1960. *Rehabilitation of Hand*

Function. Oxford: Pergamon Press.

Libet, Benjamin, C. A. Gleason, E. W. Wright, and D. K. Pearl. 1983. "Time of Conscious Intention to Act in Relation to Onset of Cerebral Activity (Readiness-Potential): The Unconscious Initiation of a Freely Voluntary Act." *Brain* 106:623-42.

Liveing, Edward. 1873. *On Megrim, Sick-Headache, and Some Allied Disorders: A Contribution to the Pathology of Nerve-Storms.* London: Churchill.

Loftus, Elizabeth. 1996. *Eyewitness Testimony.* Cambridge, Mass.: Harvard University Press.

Lorenz, Konrad. 1981. *The Foundations of Ethology.* New York: Springer.

Luria, A. R. 1968. *The Mind of a Mnemonist.* Reprint, Cambridge, Mass.: Harvard University Press.

Luria, A. R. 1973. *The Working Brain: An Introduction to Neuropsychology.* New York: Basic Books.

Luria, A. R. 1979. *The Making of Mind.* Cambridege, Mass.: Harvard University Press.

Meige, Henri, and E. Feindel. 1902. *Les tics et leur traitement.* Paris: Masson.

Meynert, Theodor. 1884/1885. *Psychiatry: A Clinical Treatise on Diseases of the Fore-brain.* New York: G. P. Putnam's Sons.

Michaux, Henri. 1974. *The Major Ordeals of the Mind and the Countless Minor Ones.* London: Secker and Warburg.

Mitchell, Silas Weir. 1872/1965. *Injuries of Nerves and Their Consequences.* New York: Dover.

Mitchell, Silas Weir, W. W. Keen, and G. R. Morehouse. 1864. *Reflex Paralysis.* Washington, D.C.: Surgeon General's Office.

Modell, Arnold. 1993. *The Private Self.* Cambridge, Mass.: Harvard University Press.

Moreau, Jacques-Joseph. 1845/1973. *Hashish and Mental Illness.* New York: Raven Press.

Nietzsche, Friedrich. 1882/1974. *The Gay Science.* Translated by Walter

Kaufmann. New York: Vintage Books.

Noyes, Russell, Jr., and Roy Kletti. 1976. "Depersonalization in the Face of Life-Threatening Danger: A Description." *Psychiatry* 39 (1): 19-27.

Orwell, George. 1949. *Nineteen Eighty-Four.* London: Secker and Warburg.

Pinter, Harold. 1994. *Other Places: Three Plays.* New York: Grove Press.

Pribram, Karl H., and Merton M. McGill. 1976. *Freud's "Project" Re-assessed.* New York: Basic Books.

Romanes, George John. 1883. *Mental Evolution in Animals.* London: Kegan Paul, Trench.

Romanes, George John. 1885. *Jelly-Fish, Star-Fish, and Sea-Urchins: Being a Research on Primitive Nervous Systems.* London: Kegan Paul, Trench.

Sacks, Oliver. 1973. *Awakenings.* New YorkL Doubleday.

Sacks, Oliver. 1984. *A Leg to Stand On.* New York: Summit Books.

Sacks, Oliver. 1985. *The Man Who Mistook His Wife for a Hat.* New York: Summit Books.

Sacks, Oliver. 1992. *Migraine.* Reb. ed. New York: Vintage Books.

Sacks, Oliver. 1993. "Humphry Davy: The Poet of Chemistry." *New York Review of Books,* Nov. 4.

Sacks, Oliver. 1993. "Remembering South Kensington." *Discover* 14(11): 78-80.

Sacks, Oliver. 1995. *An Anthropologist on Mars.* New York: Alfred A. Knopf.

Sacks, Oliver. 1996. *The Island of the Colorblind.* New York: Alfred A. Knopf.

Sacks, Oliver. 2001. *Uncle Tungsten.* New York: Alfred A. Knopf.

Sacks, Oliver. 2007. *Musicophilia: Tales of Music and the Brain.* New York: Alfred A. Knopf.

Sacks, Oliver. 2012. *Hallucinations.* New York: Alfred A. Knopf.

Sacks, O. W., O. Fookson, M. Berkinblit, B. Smetanin, R. M. Siegel, and H. Poizner. 1993. "Movement Perturbations due to Tics Do Not Affect Accuracy on Pointing to Remembered Locations in 3-D Space in a Subject with Tourette's Syndrome." *Society for Neuroscience Abstracts*

19 (1): item 228.7.

Schacter, Daniel L. 1996. *Searching for Memory: The Brain, the Mind, and the Past.* New York: Basic Books.

Schacter, Daniel L. 2001. *The Seven Sins of Memory.* New York: Houghton Mifflin.

Shenk, David. 2001. *The Forgetting: Alzheimer's: Portrait of an Epidemic.* New York: Doubleday.

Sherrington, Charles. 1942. *Man on His Nature.* Cambridge, U.K.: Cambridge University Press.

Solnit, Rebecca. 2003. *River of Shadows: Eadweard Muybridge and the Technological Wild West.* New York: Viking.

Spence, Donald P. 1982. *Narrative Truth and Historical Truth: Meaning and Interpretation in Psychoanalysis.* New York: Norton.

Sprengel, Christian Konrad. 1793/1975. *The Secret of Nature in the Form and Fertilization of Flowers Discovered.* Washington, D.C.: Saad.

Stent, Gunther. 1972. "Prematurity and Uniqueness in Scientific Discovery." *Scientific American* 227 (6): 84-93.

Tourette, Georges Gilles de la. 1885. "Étude sur une affection nerveuse caractérisée par de l'incoordination motrice accompagnée d'écholalie et de copralalie." *Archives de Neurologie* (Paris) 9.

Twain, Mark. 1917. *Mark Twain's Letters.* vol. 1. Ed. Albert Bigelowe Paine. New York: Harper & Bros.

Twain, Mark. 2006. *Mark Twain Speaking.* Town City: University of Iowa Press.

Vaughan, Ivan. 1986. *Ivan: Living with Parkinson's Disease.* London: Macmillan.

Verrey, Louis. 1888. "Hémiachromatopsie droite absolue." *Archives d'Ophthamologie* (Paris) 8: 289-300.

Wade, Nicholas J. 2000. *A Natural History of Vision.* Cambridge, Mass.: MIT Press.

Weinstein, Arnold. 2004. *A Scream Goes Through the House: What*

Literature Teaches Us About Life. New York: Random House.

Wells, H. G. 1927. *The Short Stories of H. G. Wells.* London: Ernest Benn.

Wiener, Norbert. 1953. *Ex-Prodigy: My Childhood and Youth.* New York: Simon & Schuster.

Wilkomirski, Binjamin. 1996. *Fragments: Memories of a Wartime Childhood.* New York: Schocken.

Wilson, Edward O. 1994. *Naturalist.* Washington, D.C.: Island Press.

Zeki, Semir. 1990. "A Century of Cerebral Achromatopsia." Brain 133:1721-77

Zihl, J, D. von Cramon, and N. Mai. 1983. "Selective Disturbance of Movement Vision after Bilateral Brain Damage." *Brain* 106 (2): 313-40

찾아보기

지은이..올리버 색스 OliverSacks

1933년 영국 런던에서 태어났다. 옥스퍼드 대학교 퀸스칼리지에서 의학 학위를 받았고, 미국으로 건너가 샌프란시스코와 UCLA에서 레지던트 생활을 했다. 1965년 뉴욕으로 옮겨 가 이듬해부터 베스에이브러햄 병원에서 신경과 전문의로 일하기 시작했다. 그 후 알베르트 아인슈타인 의과대학과 뉴욕 대학교를 거쳐 2007년부터 2012년까지 컬럼비아 대학교에서 신경정신과 임상 교수로 일했다. 2002년 록펠러 대학교가 탁월한 과학 저술가에게 수여하는 '루이스 토머스상'을 수상했고, 옥스퍼드 대학교를 비롯한 여러 대학에서 명예박사 학위를 받았다. 2015년 안암이 간으로 전이되면서 향년 82세로 타계했다. 올리버 색스는 신경과 전문의로 활동하면서 여러 환자들의 사연을 책으로 펴냈다. 인간의 뇌와 정신 활동에 대한 흥미로운 이야기들을 쉽고 재미있게 그리고 감동적으로 들려주어 수많은 독자들에게 큰 사랑을 받았다. 〈뉴욕타임스〉는 문학적인 글쓰기로 대중과 소통하는 올리버 색스를 '의학계의 계관시인'이라고 불렀다.

지은 책으로 베스트셀러《아내를 모자로 착각한 남자》를 비롯해《색맹의 섬》《뮤지코필리아》《환각》《마음의 눈》《목소리를 보았네》《나는 침대에서 내 다리를 주웠다》《깨어남》《편두통》등 10여 권이 있다. 생을 마감하기 전에 자신의 삶과 연구, 저술 등을 감동적으로 서술한 자서전《온 더 무브》와 삶과 죽음을 담담한 어조로 통찰한 칼럼집《고맙습니다》, 인간과 과학에 대한 무한한 애정이 담긴 과학에세이《의식의 강》, 자신이 평생 사랑하고 추구했던 것들에 관한 우아하면서도 사려 깊은 에세이집《모든 것은 그 자리에》를 남겨 잔잔한 감동을 불러일으켰다. 홈페이지 www.oliversacks.com

옮긴이..양병찬

서울대학교 경영학과와 동 대학원을 졸업한 후 기업에서 근무하다 진로를 바꿔 중앙대학교에서 약학을 공부했다. 약사로 일하며 틈틈이 의약학과 생명과학 분야의 글을 번역했다. 포항공과대학교 생물학연구정보센터BRIC의 바이오통신원으로,《네이처》와《사이언스》등에 실리는 의학 및 생명과학 기사를 실시간으로 번역, 소개하고 있다. 그의 페이스북에 가면 매일 아침 최신 과학기사를 접할 수 있다. 진화론의 교과서로 불리는《센스 앤 넌센스》와 알렉산더 폰 훔볼트를 다룬 화제작《자연의 발명》을 번역해 한국출판문화상 번역부문 후보에 올랐다. 옮긴 책으로《내 속엔 미생물이 너무도 많아》《핀치의 부리》《물고기는 알고 있다》《매혹하는 식물의 뇌》《곤충 연대기》등이 있다.

표지그림..김현정

덕성여자대학교와 한국예술종합학교에서 평면조형을 전공했다. 2008년 한국문화예술위원회 문예진흥기금 신진예술가 부문에 선정되었고, 기억 속의 장면이 현재와 만나는 지점을 포착하여 회화의 감각에 집중하는 그림을 그린다. 2009년《always somewhere》, 2012년《열망Desire》등 지금까지 6번의 개인전과 다수의 그룹전을 가졌다. 이 책의 표지에 사용된 작품은〈Starhopping〉(53×45cm, oil on canvas, 2018)이다.

의식의 강

1판 1쇄 펴냄 2018년 3월 12일
1판 9쇄 펴냄 2022년 12월 15일

지은이 올리버 색스
옮긴이 양병찬
펴낸이 안지미
표지그림 김현정

펴낸곳 (주)알마
출판등록 2006년 6월 22일 제2013-000266호
주소 04056 서울시 마포구 신촌로4길 5-13. 3층
전화 02.324.3800 판매 02.324.7863 편집
전송 02.324.1144

전자우편 alma@almabook.com / alma@almabook.by-works.com
페이스북 /almabooks
트위터 @alma_books
인스타그램 @alma_books

ISBN 979-11-5992-138-4 03400

알마는 아이쿱생협과 더불어 협동조합의 가치를 실천하는 출판사입니다.